Air
創業生存法則
bnb
Story

多次啟動、敏捷應變、超速成長的新世代商業模式

莉·蓋勒格 Leigh Gallagher 著

洪慧芳　譯

謹獻給我的終極居家良伴——Gil、Zeb、Anna、Noa、Ava

目錄

連滾帶爬、
攀登顛峰的血淚創業故事

愛卡拉共同創辦人暨執行長　程世嘉

　　Airbnb 早已是全球創業者的典範，各類商業文章無不深入研究這家公司的發展路徑，希望能一窺創業成功的祕密，但這本書卻呈現了創業的真實：沒有捷徑，只有不斷連滾帶爬，而且始終不太確定終點到底在哪裡，說穿了，創業是一件沒完沒了的事情。

　　原來，Airbnb 的三位創辦人也是一路跌跌撞撞、邊做邊學，創業的經驗和先備知識並沒有比一般人多，在最早期的發展階段，他們純粹是靠著傻勁和毅力支撐下來。這或許對於常常被澆冷水的創業家是一個撫慰的故事，畢竟多數創業家都像他們一樣，憑著一股毅力在苦苦支撐著。不過真正脫穎而出的創業家卻是鳳毛麟角，且往往不如表面上的風光。畢竟世上能有幾個 Airbnb，能有天時地利人和，最後攀登顛峰？

　　回想我自己的創業歷程，真的不禁苦笑道「想清楚

就不會創業了」，這一點感想也與 Airbnb 創辦人之一的切斯基不謀而合，他說即使重來一千次，他還是無法想像所有事情會就這樣匯聚在一起達成今天的成就。Airbnb 三位創辦人要是在創業前真的經過仔細權衡，也許今天就沒有我們熟知的 Airbnb 了。換個角度看，這也正是創業有趣的地方，創業就是踏上一個未知的旅途，途中有驚喜、有低潮、有意氣風發的時候、也有黯然沈潛的時候，而整個旅途的重點，也總是在無所畏懼、始終邁步向前的勇氣和毅力。當然，還有最重要的「不斷學習」。

　　事後來看，很多人會覺得三位創辦人幸運選到了一個對的題目。但這本書給我的啟發，更在於三位創辦人在面對各種創業路上的困難時，展現出的毅力和學習態度，每個創業家都會遭遇無數的挑戰和機會，是我們面對挑戰和機會時所作出的抉擇，決定了我們的成就。我誠摯地推薦本書給各位。

顛覆，是超級挑戰的序曲

我和布萊恩・切斯基（Brian Chesky）約在舊金山費爾蒙旅館（Fairmont Hotels）的大廳酒吧。我們坐在高背天鵝絨豪華座椅上，面對面交談。

那是 2015 年 11 月初，我們約在那裡談這本書的概念。我提議寫一本書，主題就是他的公司——住家共享平台 Airbnb。約在旅館談這件事似乎有點諷刺，而且還不是隨便一家旅館。那裡正是 2007 年主辦國際設計大會的場地，那場大會導致舊金山旅館一房難求，讓住在市場南區的切斯基及共同創辦人喬・傑比亞（Joe Gebbia）想出在公寓內擺氣墊床出租的鬼點子。

事實上，我們坐的位置，離當初切斯基被偶像設計師潑冷水的地方，距離不到九公尺。在那場大會上，切斯基走向他最崇拜的設計師，告訴他這個新創業點子，對方馬上覺得很荒謬，回他說：「希望這不是你唯一的

點子。」那句話揭開了往後充滿拒絕與嘲諷的創業漫漫長路。

不過，那也是 Airbnb 的起點，切斯基如今執掌這家估值高達三百多億美元的新創巨擘，約 1.4 億人次的入住人數（guest arrival），房源（listing）多達三百萬個（Airbnb 的入住人數，是指因某趟旅程而抵達房源的房客數。Airbnb 為了與國際旅游業標準接軌而採用此通用術語。全書將統一以「入住人數」或「房客數」（guests）來代表這個數字）。如今，切斯基經常在各大旅館露面，但通常是出席演講活動，今天他是來擔任〈財星全球論壇〉（Fortune Global Forum）的演講貴賓，這是我的公司為世界各地執行長舉辦的年度盛會。切斯基的演講排在美國前國防部長里昂·潘內達（Leon Panetta）和摩根大通執行長傑米·戴蒙（Jamie Dimon）之間。

會後，我和切斯基約在大廳酒吧重聚，討論寫書的提案。我以為他會欣然接納我的提議，他確實樂於聽聽我的想法，但態度上仍有所保留。「寫書的問題在於，」他顯然已經考慮過這件事了，「那會成為一家公司在某特定時刻烙下的固定印象。」我聽不太懂他的意思，所以請他進一步解釋。「我現在三十四歲，」他繼續說：

「我們的公司才創立不久，往後我們還會做很多事情。」他的意思是，現在寫什麼都言之過早。他說，無論我在2017年出版任何關於Airbnb的書，內容很快都會過時，然而那卻是讀者唯一會記得的東西。他指出，其實當下媒體對Airbnb的了解已經落後於現實，「現在大家對Airbnb的認知，其實已經是兩年前的我們。」

　　這種想法不僅反映了切斯基的抱負，也顯示他務實的性格。最後，他願意配合這本書的撰寫，也相信我會如實地陳述一切。我們的討論僅持續了十分鐘，那是美好的一天：前一天晚上，經過漫長的奮鬥，Airbnb終於在舊金山一場足以大幅抑制其營運的投票活動中勝出。切斯基很快就要前往巴黎，參加他們每年為房東舉行的Airbnb Open房東大會，這些房東（host）正是靠Airbnb的平台推出產品的人。我們離開大廳酒吧時，切斯基興奮地談到公司為大會做好的規劃：在同一個夜晚，數百位巴黎房東將同時敞開家園，一起在巴黎市的各個角落舉辦一系列的派對，他興奮地說：「那將會是全球規模最大的同步派對。」

　　說完，這位三十四歲的億萬富豪就離開了。

怪異的點子

我第一次聽到 Airbnb 是 2008 年，當時我在《財星》雜誌負責報導企業界一些稀奇古怪的面向，那時我們聽到一個消息，有兩位創業者趁 2008 年總統大選期間，靠著推銷自己設計的早餐麥片，引起不少關注。他們設計了兩款代表兩位候選人的麥片，分別取名為「歐巴馬圈圈」（Obama O's）和「馬侃上校」（Cap'n McCain's，取自共和黨候選人約翰·馬侃的名字）。他們是最近剛從羅德島設計學院（Rhode Island School of Design，簡稱 RISD）畢業的學生，正努力為新創立的事業 AirBed & Breakfast 建立口碑。這家公司讓人把家裡的多餘空間出租給有住宿需求的人。我認為那個概念本身並不新穎，但推銷早餐麥片那招倒是挺有勇氣的，也在全美各地獲得不少關注，所以我們在《財星》雜誌上寫了篇小小的報導，之後就沒再多想了。

不過，後續的一兩年間，這家公司逐漸累積名氣，引起《財星》科技報導組的關注。公司裡有人提議把他們列入觀察名單，我心想：「等一下！你是說那幾個小夥子嗎？」當時我不是跑科技線的，對矽谷公司不太熟悉。但我也覺得，正因為我和矽谷保持一定的距離，我

可以用比較平衡客觀的觀點，來看待矽谷散發出的那種高傲自滿風氣。我在《財星》負責「四十位四十歲以下企業精英榜」（40 under 40），常看到一些公司吹噓要在一年內顛覆世界，講得天花亂墜，但隔年就聲勢下滑。我覺得某些概念太過誇張或過度炒作時，偶爾會想要直接戳破假象。當時我心想，這家新創也是其中之一。

我在腦中列出目前也有提供類似服務的公司，例如HomeAway.com、VRBO.com、Couchsurfing.com、BedandBreakfast.com 等等。我不覺得這家名叫 Airbnb的新公司和那些早就存在的公司有什麼不同。我記得當時還對同事發牢騷：為什麼那些科技新創總覺得可以把非原創的老點子，用設計風格鮮明、簡約好用的網站包裝成新點子，就能重新在市場上推出呢？

但這家公司很快就發展出與眾不同的風格，不久後就能明顯看出差異。Airbnb 很快變成一種流行，你不僅可以租用陌生人的家住一晚，有些人也開始出租一些稀奇古怪的空間，例如樹屋、船屋、城堡、帳篷等等。這種新興的旅遊方式兼具平價與冒險的特色，特別吸引千禧世代。你可以選擇住在當地人家裡，體驗非一般觀光客路線的當地生活，跟志同道合的人交朋友，而且租金還遠比旅館便宜。於是，Airbnb 的房源數和訂房數開始

大幅成長。

　　到了 2011 年初，Airbnb 已經從贊助者募集到 1.12 億美元，投資者也估計 Airbnb 的價值突破十億美元，透過其平台預訂的房客數已突破一百萬人次。後續幾年，這些數字持續飆漲：房客數從一百萬變成五百萬、一千萬、五千萬，並於 2016 年底突破 1.4 億人次——其中有七千萬人次是在最近一年內累積出來的。Airbnb 的估值也跟著大幅躍進，從十億美元躍升至一百億、兩百五十億、三百億（撰寫本書時的數字）。然而，Airbnb 在房市的知名度仍不高，滲透率也低。分析師預測，未來它的規模將是現在的好幾倍。

　　如果不知道 Airbnb 是如何崛起的，就很難理解這種飆速成長的幅度。一部分的原因在於，當時的經濟剛走出金融危機後的大衰退，它讓任何老百姓都可以靠出租家用空間賺錢，同時也提供旅客更平價的選擇。最先接納這種模式的客群是千禧世代，這個日益壯大的族群開始獨立租屋，但奇妙的是，美國房東的平均年齡是四十三歲。

　　近年來由於所得成長減緩，城市的房價開始攀升，任何人都可以靠 Airbnb 出租空間獲利，即使房子不是自己的，還是可以出租賺錢。2015 年，美國房東每年平

均的租金收入約六千美元,但很多房東的收入比平均值高出許多。(就像「住家共享」一樣,「房東」和「房客」這兩個詞的確對 Airbnb 的立場比較有利。但由於這已成為普遍使用的語言,所以我沿用這些用語時,不帶任何諷刺意味。)旅行者也喜歡這種租房選擇,因為價格實惠,又可以享有獨特的體驗。研究顯示,雖然很多人沒用過 Airbnb,但用過的人通常都一試成主顧。

手感新生活

但 Airbnb 的特色不只是價格實惠、房源很多而已,它也提供特殊的體驗。相較於一般旅館,就連民宿的那些不完美,也正好滿足了旅客想要的較小規模、較有「手感」(artisanal)的風格體驗。此外,使用者也有機會感受傳統旅遊區外的地區,更貼近在地生活,這也是 Airbnb 大力宣傳的一大特色。這些元素對千禧世代來說特別有吸引力,他們充滿冒險精神,對大品牌日益失去興趣,而且他們從小就習慣完全數位化的互動,要他們住進在網路上認識的人家裡並非難事。即使不是千禧世代,也有很多人覺得那些特質很誘人。

此外,住別人家的這個新機會,也滿足了一種日益

成長的需求，那就是更能跟人接觸的體驗。透過 Airbnb
入住民宿或是款待房客，是一種相當緊密的人際交流。
即使房客入住時，房東不在場，房東也會特地為你打理
好一切。相對的，房客忐忑地踏入房東的私人空間，進
入一般旅人不會造訪的城市角落時，真的可以讓主客之
間產生一種奇妙的聯繫感。無論那個感覺有多麼隱約細
微，依然可以感受到它的存在。如果房客入住時，房東
也在現場，那種連結感會更加強烈。（Airbnb 的早期宣
傳標語「有人情味的旅行 "travel like a human"」仍沿用
至今。）

　　當然，這類服務難免會出差錯，Airbnb 也不例外。
但每一次順利的住宿經驗，都讓人對人性的良善又多了
一點信心。而且又剛好是在現前社會日益疏離的年代，
獨居人數屢創新高，獨自駕駛的時間愈來愈長，郊區的
住家日益離散，我們鎮日埋首於工作中或是低頭滑手
機，沉浸在耳機的世界裡。

　　對此，Airbnb 提出的理念是：「家在四方」
（belonging anywhere），那也是 Airbnb 致力推廣的使命
宣言。Airbnb 認為他們的平台促成了一種脫胎換骨的體
驗——「家在四方的蛻變之旅」（belong anywhere
transformation journey）。這種唱高調的理想主義很容易

被忽視，但它提供的經驗確實彌補了這個日益疏離的社會已失去的東西。待在一個由當地人為你準備的獨特空間，觸動了我們可能沒意識到早已消失的感動。即使是物業管理公司經營的也一樣，如今這種房源在 Airbnb 上愈來愈多，尤其是在傳統的度假地點。

當然，不是每個人都這樣想，Airbnb 一路走來並非一帆風順。Airbnb 促成的基本活動（個人把住家的一部分或全部出租給他人短期使用）在全球的許多城市是違法的。每個城市和國家的法規各不相同，隨著 Airbnb 的成長，反對 Airbnb 的聲浪也跟著加劇，批評者開始引用法律來遏制這個已來到門前的破壞者。

反 Airbnb 的抗爭把各方勢力匯集成古怪的組合，包括自由派的政治人物、房地產遊說團體、工會、旅館業等等，他們使 Airbnb 頓時成了爭議話題。許多城市的大樓管委會和居民紛紛跳出來，抗議 Airbnb 把源源不絕的不速之客帶進他們的居住環境，改變了社區。他們也抗議 Airbnb 的房源中充滿專業房地產業者，霸佔了許多住宅空間，專做 Airbnb 短租生意。他們聲稱，這種現象導致房市的住屋供給減少，使許多市場的住屋危機更加惡化，大家更買不起房子。紐約、舊金山等城市正立法限制 Airbnb 的成長。隨著 Airbnb 的規模日益

壯大，他們面臨的反對聲浪也愈來愈大。

　　這些年來，Airbnb 也必須處理一些把陌生人聚在一起可能發生的意外，例如房東被房客洗劫、襲擊事件、因房東疏失導致悲劇發生的憾事。除此之外，近幾年，Airbnb 也不得不處理平台上發生的另一種棘手議題：種族歧視和其他類型的歧視。

　　或許這種問題的出現並不意外。當你打造一個讓大眾自由交流的市場時，現實社會中可能出現的問題，也可能在網路平台上發生。Airbnb 的品牌初衷是建立在陌生人的善意上，但無論他們再怎麼相信人性，這個世界終究不是人人皆善。

　　這類不幸事件登上新聞頭條時，往往會導致未體驗過 Airbnb 的人更加恐慌。一位知道我打算寫這本書的朋友說：「妳最好趁這家公司殞落前趕快寫完。」當 Airbnb 的歧視爭議不斷，反對聲浪達到高潮時，我收到父親措辭嚴肅的語音留言：「妳一直沒回我電話，希望那是因為妳正在聽公共廣播電台（NPR）報導 Airbnb 對黑人的歧視作法。」（其實不是 Airbnb 歧視黑人，而是 Airbnb 的房東歧視黑人，但 Airbnb 無力防範這種事情發生，導致許多人覺得這家公司應該被檢討。）

　　然而在此同時，Airbnb 依然大幅成長，用戶不只限

於千禧世代。如今，嬰兒潮世代、銀髮族、還有很多族群都是 Airbnb 的愛用者，連葛妮絲·派特洛和碧昂絲等名人也在其中。現在 Airbnb 變得非常熱門，導致一些自認走在社會實驗尖端的早期愛用者甚至覺得 Airbnb 變得太「主流」了。

　　無論你喜不喜歡，Airbnb 都刺激了眾人的想像，如今它儼然已經變成當代的潮流。不僅《週末夜現場》（*Saturday Night Live*）把它寫進搞笑短劇中，HBO 影集《矽谷群瞎傳》（*Silicon Valley*）也把它寫進劇情裡，甚至連益智問答節目《危險邊緣》（*Jeopardy!*）也把它列入考題。我想，以「錯認 Airbnb 房東」為劇情設定的浪漫喜劇，或許指日可待也說不定。

　　有些行銷人員已利用 Airbnb 打造出巧妙的品牌延伸策略：2016 年電影《忍者龜：變種世代》（*Teenage Mutant Ninja Turtles*）上映的前幾週，片商尼克兒童頻道（Nickelodeon）和派拉蒙影業（Paramount Pictures）把翠貝卡（Tribeca）的一棟公寓改造成忍者龜主題屋，並放上 Airbnb 網站出租，讓大家有機會體驗入住忍者龜「巢穴」的感覺。

　　另外，Airbnb 也成了個人發揮創意的地方，例如 2016 年初美國東北部發生超級暴風雪時，一位布魯克林

人腦筋動得很快，馬上打造出「兩人獨享的精緻冰屋」，並放上 Airbnb 出租。（他的租屋描述寫道：「這裡是暴雪末日中最令人嚮往的避難勝地，洋溢著巧思與另類的生活風格。」後來 Airbnb 以不符規範為由，移除了那則租屋訊息，但送給房東五十美元的優惠券，獎勵他的創意。）

老時光的待客之道

Airbnb 的基本概念不是什麼新點子。切斯基喜歡說，當初唯一沒有嫌棄 Airbnb 這個概念的人，就是他的祖父。祖父聽完他在忙什麼以後，點頭回應：「噢，這樣啊，我們以前就是那樣旅行的。」

沒錯！無論是租屋的房客、寄宿生、打工換宿的互惠生（au pair）或是其他類似的情況，許多人都會告訴你，早在 Airbnb 或甚至網際網路出現以前，他們就已經體驗過某種形式的「住家共享」（home-sharing）了。

歷史上很多知名人物都是他們那個年代的 Airbnb 模式愛用者。從 1963 年的 10 月初到 11 月 22 日，刺殺甘迺迪的嫌犯李・哈維・奧斯華（Lee Harvey Oswald）在達拉斯的奧克利夫（Oak Cliff）租了一間住宅中的空

房，每週支付八美元的租金（那棟房子如今已改裝成博物館，可供參觀）。四季飯店創辦人兼董事長伊莎多夏普（Isadore "Issy" Sharp）曾說，他在多倫多猶太區長大，以前家裡一直有人來承租空房，所以他從小就學會了殷勤待客之道。巴菲特也說，多年來，他們家一直有不少人來借宿，喬治・麥戈文（George McGovern）競選總統期間也曾下榻他家。事實上，維基百科上還有關於「住家共享」的頁面，只是內文沒有提到 Airbnb。

我先生是由單親媽媽扶養、在紐約市長大的，從小他就很習慣家裡的另一間臥室裡有人寄宿。數十年後，他自己也傳承了同樣的作法，把布魯克林的三層樓住家分租給學生。我很快就認識來自荷蘭的 IT 專家路西恩，以及來自法國的電影系學生愛莉安。他們分別承租樓下和樓上的空房，共用冰箱及浴室裡那些稀奇的歐式沐浴用品。我先生說那些額外的空間都可以善加利用，而且他真心喜歡生活中有來自全球各地的學生為伴，他們可以聊一些有趣的話題，拓展視野。

當然，還有一些比較摩登的短期度假房客，這樣的房客已經存在數十年，他們透過 HomeAway、VRBO 之類的大型業者，或 BedandBreakfast.com 之類的小眾網站，承租度假的住宿地點。更早之前，有些人透過

Craigslist 或分類廣告，尋找短期租屋的選擇。紐約大學教授及《共享經濟》（*The Sharing Economy*）作者亞倫‧桑達拉拉揚（Arun Sundararajan）指出：「共享經濟的一大特色是，那些概念本身都不是新的。」

　　Airbnb 之所以與眾不同，在於它排除了障礙，打造了一個簡單好用又友善的平台，每個人都會用。和以前的網站不同的是，Airbnb 的設計讓房東在刊登房源時，可以充分展現個性；它投資個人專業攝影服務，確保房源看起來舒適宜人；網站上的搜尋、溝通、付款功能一應俱全，無縫相連，交易可以一氣呵成。（很多人認為 Airbnb 不算科技公司，因為它是做住家和空間方面的交易，但其後端的工程架構極其先進卓越，在矽谷可說是數一數二。）

　　Airbnb 打造了一系列工具強化用戶的信任，例如房客只有在住宿過並完成付款後，才能進行雙向互評，以及 ID 認證系統。Airbnb 與眾不同的另一個很大的原因，但很少人討論的就是，它走城市化路線。在 Airbnb 出現以前，租屋公司大多把焦點放在屋主平常沒住的第二個家，以及傳統度假地區的房屋出租。雖然大家也常關注 Airbnb 上刊登的樹屋和船屋，但 Airbnb 的房源大多是套房及一到兩房公寓，這就是它最吸引許多旅人並導

致旅館業者倍感威脅的原因。Airbnb 歡迎一般人善用閒置的空間賺錢，即使那個閒置空間就是你跟別人承租的公寓也可以，這對租屋者及旅遊者都產生了顛覆性的影響。Airbnb 很都市化，很簡單好用，很千禧世代。網路市場上的發展準則一向是「大者恆大」，當達到某種規模時，其主導地位就難以撼動。

三個臭皮匠

　　如果說 Airbnb 顛覆了我們對旅館、旅遊、空間和信任的認知，它也顛覆了傳統的管理理論。Airbnb 崛起過程中一個特點是，創辦人創立公司時，毫無企業經驗。切斯基、傑比亞、納森・布雷察席克（Nathan Blecharczyk）三人不得不在公司急速成長的同時，迅速學習成為領導者（切斯基和傑比亞在創業第一週就拉布雷察席克加入，成為第三位共同創辦人，負責技術的部分。）Airbnb 創立不久就大幅成長，搖身變成業界巨擘，外界對其估值和期待都媲美營運已久的大企業，但規模成長也為 Airbnb 帶來了大企業才有的問題。一般企業成長到這種規模時，創業團隊要不是解散，就是有「專業」的管理團隊進駐，但 Airbnb 的三位元老依然合作

無間，一起掌控這艘他們一起打造出來的太空船。

　　他們之中轉變最大的，當屬現在三十五歲，擔任執行長的切斯基了。他踏入這一行時，完全是門外漢，不僅缺乏任何商業知識，對打造基本網站之外的一切技術也一無所知。他一開始連天使投資人、簡報檔（slide deck）是什麼都不知道。但他必須從一個大外行，迅速進化成執掌一家估值高達三百億美元、員工逾兩千五百人的企業掌門人。

　　雖然切斯基享有絕大多數的光環，但要不是三名創辦人一路走來合作無間，Airbnb 也不可能存在。同樣三十五歲的傑比亞，是想法大膽的設計顛覆者，從小就展現出創業精神。三十三歲的布雷察席克是異乎尋常的天才工程師，高中時期光是上網賣他寫的程式，就賺進一百萬美元，Airbnb 的骨架和基礎系統幾乎都是他一手打造的。三人在各方面都極不相同，切斯基逐漸晉升為公司領導者的同時，傑比亞和布雷察席克近年來也各自開闢領域，登上符合他們專長的領導職位。

　　隨著本書的出版，Aibnb 也準備好做出一項重大宣布。切斯基說，那將是這家年輕公司創立以來的最大行動，也是徹底重新定位的開始：跨出住宿領域，以一系列的新產品、工具和體驗，一舉涵蓋「旅行的其他面

向」。Airbnb 將不再只是你預訂住宿的地方，它將成為一個綜合性活動平台，囊括各種獨特的在地活動，例如去肯亞參加超級馬拉松訓練；在你居住的城市和熱愛盆景修剪藝術的同好一起上課等等。它也想提供餐廳訂位、地面交通服務，不久連航空服務也會納入。對一家成立不久的公司來說，這是相當大膽及龐大的新業務，尤其它的核心事業仍以每年翻兩倍的速度在成長中。

　　事實上，Airbnb 的成長與變化極快，在本書付梓及出版以後，還會再出現更大的改變。這本書快完成時，我才開始明白那天我和切斯基在費爾蒙旅館討論這本書的計畫時，他講那些話的意思。我得知他們打算跨入那些新事業的時候，對切斯基開玩笑說，「提供住宿」這個單一事業突然顯得很「老套」。他認真地看著我，指向他剛剛秀給我看的簡報檔說，「我希望不久之後，**這些新事業**也會變成『舊版』的 Airbnb。」

　　對這三位創辦人來說，創立及拓展 Airbnb 並不容易，過程中充滿波折，未來肯定還會遇到更多，營運合法化的抗爭尚未結束，未來肯定還會冒出更多負面事件及不良行為。未來 Airbnb 拓展新業務及公開上市時，創辦人也面臨重大的考驗。目前為止，他們之所以能同時兼顧大幅成長並堅守創辦初衷，主要是因為他們很小

心挑選投資者，只選擇和他們同樣抱持長遠理念的人。不過，在逐漸邁向公開上市之際，Airbnb 終究必須在維持初衷及因應大型機構投資人的壓力之間拿捏平衡，那些大型法人畢竟不是他們可以精挑細選的。

　　無論未來怎麼發展，Airbnb 已經發揮了巨大又持久的影響力。它不僅在擴張速度上創下紀錄，也顛覆了該如何領導市值三百億美元的公司的想像。它重新定義了我們周遭的空間，以及看待陌生人的方式。它改變了我們的旅遊模式，也為「另類住宿」開闢了全新的市場，不僅吸引數十家新創企業投入，連大型連鎖旅館業者也興致勃勃。現在，Airbnb 正努力改變我們體驗新環境以及居家生活的方式。在很多人不看好及傳統產業勢力的大肆阻撓下，Airbnb 仍然做到現在的成績。這一切都是因為這三個初出茅廬的小夥子不放棄一個大膽的點子。切斯基、傑比亞和布雷察席克如何走到今天，可說是一個再經典不過的故事。任何抱著大膽想法、但一再被澆冷水的人，都可以從他們的故事中獲得啟發。

　　以下，就是他們的故事。

| 第 1 章 |

起步後，才知道一切都不一樣
不斷捲土重來，直到做出大家都想要的產品

「我跟你說，有一天我們會一起創業，
而且會有人為那家公司寫書。」

——喬‧傑比亞

　　Airbnb 誕生的故事，在矽谷內外已是大家口耳相傳
的傳奇：2007 年 10 月，兩個沒工作的藝術學校畢業生
住在舊金山的三房公寓裡，急需付房租。他們一時興
起，決定趁舊金山召開設計大會、旅館爆滿一房難求
時，在家裡擺氣墊床出租。在某些圈子裡，這個故事就
像一些廣為流傳的創業故事，已是大家津津樂道的傳
奇，例如比爾‧包爾曼（Bill Bowerman）把液態聚氨酯
橡膠倒入妻子的鬆餅機，做出 Nike 球鞋的網格狀鞋底；
比爾‧惠利特（Bill Hewlett）和大衛‧普克德（Dave

Packard）在普克德的車庫內打造出音頻振盪器。

　　事實上，Airbnb 的緣起比前述那個一時興趣的出租活動還要早幾年，發生在 2004 年夏天離舊金山三千英里遠的羅德島州普洛威頓斯市（Providence）的羅德島設計學院（RISD）。傑比亞攻讀五年制的平面設計和工業設計雙學位，當時是大四生。切斯基才剛畢業。他們一起參與 RISD 贊助的研究專案，為美康雅公司（Conair Corporation）設計商品，美康雅以吹風機及個人護理產品聞名。企業經常和 RISD 合作，善用其學生的工業設計長才。在這個特別的研究計畫中，美康雅雇用了一批RISD 派來的學生，學生必須在六週內幫公司設計產品。多數的研究都在 RISD 校園內進行，而美康雅擁有產品的設計權，學生則可獲得工作經驗和津貼。專案進入尾聲時，學生會向美康雅的高階主管簡報他們的設計概念。

　　學生們兩人一組，切斯基和傑比亞決定組成一隊。他們本來就很熟，最早是因為對運動有共同的興趣而結識彼此。切斯基帶領 RISD 的冰上曲棍球校隊，傑比亞則創立了 RISD 的籃球校隊。RISD 的學生對運動向來不熱中，他們兩人決心提振兩支校隊的形象，一起構思一套雄心勃勃的行銷計畫：他們募款、規劃時間表、設

計新制服，想出其他創意十足的花樣（例如使用搞笑的低級幽默雙關語[1]），讓球隊給人一種狂放不羈的印象。結果他們成功了，RISD的球賽變成學生熱情參與的活動，甚至吸引附近布朗大學的學生以及當時的市長鮑迪・錢奇（Buddy Cianci）前來觀賽，錢奇還答應當曲棍球隊的「榮譽教練」。傑比亞後來接受《快公司》（*Fast Company*）雜誌訪問時提到：「那真是最難的行銷挑戰之一，你要怎麼吸引藝術學院的學生在週五晚上來看球賽？[2]」

在校期間的眾多活動中，美康雅的實習機會算是他們第一次合作。這群實習生每週會搭公車去康乃狄克州斯坦福市（Stamford）的美康雅總部，向美康雅的行銷團隊做簡報，接著再回 RISD 繼續設計。傑比亞和切斯基很努力開發點子，常在設計室裡熬夜設計。他們放任創意自由地發揮，等到要簡報時，才發現自己的想法真的超級天馬行空。其他小組做簡報時，是提出各種不同的吹風機設計；切斯基和傑比亞是為那家公司提出完全不同的遠景，並向公司大力推薦一些另類的產品，例如由肥皂製成、一洗就消失的襯衫。傑比亞描述美康雅高階主管的反應：「他們的表情說明了一切。」負責實習專案的行銷經理告訴切斯基，他喝太多咖啡了，切斯基

說：「但我根本沒喝咖啡啊。」對他們來說，那次合作讓他們領悟到的，與吹風機無關，而是兩人一起腦力激盪時能夠想出什麼。切斯基說：「我們持續以對方的點子為基礎，再往下發想。我們湊在一起時，點子通常愈來愈大，而不是愈來愈小。」傑比亞也有同感：「我也覺得我和切斯基一起腦力激盪時，可以想出跟其他人截然不同的東西。」

傑比亞早就有這種感覺了，設計案的前一個月是切斯基的畢業典禮，那是一場令他們難忘的典禮。切斯基被應屆畢業生選為畢業生致詞代表。他在麥可·傑克森的〈Billie Jean〉配樂下登台，扯開學士服，露出裡面的白西裝，在台上學傑克森跳了幾個舞步，才走向講台。幾天後，傑比亞把志趣相投的切斯基約出來吃披薩。眼看他們在校園裡共處的時間就快結束了，他有些話一直埋在心底，覺得非說不可：「我跟你說，有一天我們會一起創業，而且會有人為那家公司寫書。」

對此，切斯基心領了（傑比亞說：「他看著我，笑著沒太當真。」），日後他們會說，那是兩人「命中注定的一刻」。不過，當時切斯基知道，他需要繼續前進，找一份體面的工作。畢竟，這不就是念書的目的嗎？切斯基在紐約州北部長大，父母皆是社工人員，他們努力

工作，只為了讓孩子自由追尋夢想和興趣。切斯基的母親黛波，現在是壬色列理工學院（Rensselaer Polytechnic Institute）的募款代表，父親鮑勃為紐約州服務四十年後，於 2015 年退休，他們兩人都很支持兒子往藝術發展。切斯基的高中藝術老師曾告訴他們，她覺得切斯基以後會是有名的藝術家。切斯基申請進入 RISD 時，父母都非常高興，但他們也為兒子將來如何靠藝術學位謀生感到擔心。黛波說：「我們怕他將來淪為挨餓的藝術家。」切斯基不想讓父母失望，在 RISD 就讀期間從插畫系轉到工業設計系，覺得轉系後的就業市場較大。切斯基畢業後，和傑比亞道別，雖然後來他們因美康雅的實習專案短暫相聚了幾週，但專案結束後，切斯基就搬到洛杉磯，展開工業設計師的新生涯。

切斯基搬走前，父母親幫他買了一套西裝及一台本田喜美（Honda Civic）汽車。那輛車預定在他飛抵洛杉磯時，送達機場。母親黛波一人搞定了整趟物流行程，她陪兒子去梅西百貨試西裝時，趁著兒子進試衣間試穿，用電話和經銷商確認交車時間。她跟經銷商解釋，那輛車是要送給搬去好萊塢的兒子的。「經銷商說：『他該不會是去當演員吧？』我說：『不是，但也沒好到哪去，他是設計師。』」

一到洛杉磯，切斯基就搬去和 RISD 的幾位朋友合住，開始在工業設計公司 3DID 上班。剛到職的幾個月，他很喜歡工作，為 ESPN 和美泰兒（Mattel）等公司設計真正的產品。但不久他就發現，那份工作顯然和他希望的不同。他的夢想是將來能像 Apple 的首席設計師強尼・艾夫（Jony Ive）或消費科技公司 Jawbone 的設計師伊夫・貝哈爾（Yves Béhar）那樣，成為獨當一面的大師。他覺得當時的日常工作毫無啟發性，大多是照本宣科地執行。切斯基說：「那份工作不愚蠢，但顯然無法活用我從 RISD 學到的東西。」RISD 的求學經驗讓他滿懷改變世界的理想，學校教他的是：創意設計幾乎可以解決世界上任何問題；只要有構思，就能設計出來；你可以設計出你想要的世界；身為設計師，**你可以改變世界**。後來切斯基說：「搬到洛杉磯後，我彷彿面臨到現實的考驗。我才發現現實世界不是我想的那樣。」

　　切斯基也不喜歡洛杉磯的環境，他回憶道：「每天上下班，我都是獨自一人開一個半小時的車。」一切令他感到幻滅，覺得自己做了錯誤的決定。2013 年在某次爐邊聚會上，切斯基告訴科技記者及 PandoDail 創辦人莎拉・萊西（Sarah Lacy）：「我覺得我的人生就像每天上下班開車一樣，看著路的盡頭消失在眼前的地平線，

後視鏡看到的景觀也一模一樣，我心想：『我大概一輩子就這樣渾渾噩噩過了。』這跟學校教我們的完全不一樣。[3]』

可以一起創業的夥伴

在那同時，傑比亞也完成了 RISD 的學業，搬到了舊金山，在紀事出版社（Chronicle Books）擔任平面設計師，住在市場南區勞許街（Rausch Street）的三房公寓裡。業餘時間，他也嘗試創業，販售他在 RISD 設計的坐墊。坐墊是專為藝術學院學生設計的，讓他們長時間上藝術評論課時，坐再久也不會累。他為坐墊取了一個搞笑的名字「CritBuns」（評論臀），並且刻意把坐墊設計成屁股的形狀。那個設計在 RISD 得了大獎，獎品由學校贊助生產成品，送給每位應屆畢業生。傑比亞連忙找了一家製造商和開模商，在四週內生產出八百個坐墊，趕在畢業當天發送給畢業生。隔天，他索性把那個事業變成一家公司（傑比亞從小就懂得把創業和藝術結合在一起，他在亞特蘭大成長，國小三年級把自己畫的忍者龜以一張兩美元的價格賣給同班同學，後來同學的家長向老師告狀，他才被制止。）

傑比亞和切斯基經常聯絡，傑比亞常跟切斯基提起坐墊的銷售狀況，他們也會一起腦力激盪可能在 3DID 設計的產品。每次聊完，傑比亞都會請切斯基考慮搬到舊金山，一起創業。切斯基不太願意，理由總是一樣：沒有健康保險，無法辭職搬家。某天，切斯基在公司收到傑比亞寄來的包裹。他打開包裹，裡面是兩個已經上市發售的「CritBuns」，傑比亞已經成功把商品推出上市了，並獲得現代美術館設計專賣店（Museum of Modern Art Design Store）的大筆訂單，那可是設計界的聖杯。切斯基記得他當下心想：「傑比亞真的辦到了！」傑比亞說：「那是一股微妙的推力，那件事提醒我們：別忘了，我們還是有可能一起創造出什麼。」

　　那件事已經足以促使切斯基開始找舊金山的工作。2007 年初，他聽說成長快速的居家用品公司美則（Method）有一個職缺，美則的特色是對環保永續的重視以及獲獎肯定的包裝。切斯基覺得那可能正是他想要的：他可以移居舊金山，在一家設計導向的公司，價值觀和他比較有共鳴。他在面試過程中過了好幾關，除了通過多次面試，他也完成了設計挑戰，並在五位高階主管面前做簡報。每過一關，他就愈興奮，但最後美則錄取了另一位應徵者，切斯基因此既傷心又失望。

　　但因為面試的關係，切斯基去了舊金山幾次就立刻愛上了那個城市。那裡充滿活力，以及透過傑比亞認識的創意人和創業家，都讓他回想起以前在 RISD 感受到的風氣。這時，傑比亞已經變成勞許街公寓的主要承租人，並把它打造成類似設計師的聚落，認真面試及「招攬」志同道合的人來當室友。切斯基和傑比亞也開始認真思考他們可以創立什麼樣的公司。這時切斯基已不顧父母的擔憂，辭掉工作，開始為自己規劃不同的生涯。不久前，加州州立大學長灘分校才邀請他去指導工業設計課程，他也剛加入洛杉磯的設計圈沒多久，所以他想先繼續住在洛杉磯，每週去舊金山幾天和傑比亞共事。

　　那年九月，傑比亞的房東突然提高房租，導致兩位室友相繼搬走，促使傑比亞比以往更積極地說服切斯基搬到舊金山，分租其中一個房間。傑比亞已經為其中一房找到了新室友，所以切斯基只要把另一個空房租下來，就沒問題了。但切斯基覺得負擔不起，因為第三個室友要等到 11 月才會入住，在那之前，他們兩人要負擔三個房間的房租。所以，切斯基反過來說服傑比亞，讓他每週租三天的沙發就好。這樣一來，他可以從洛杉磯通勤去舊金山，兩邊都有得住。傑比亞覺得那個提議實在太荒謬了，在房租期限逼近又找不到室友下，他不

得不放棄公寓。不過，就在傑比亞打電話告知房東之前的早上，切斯基突然打電話給他，表示願意承租其中的一個房間。

切斯基匆匆告別了洛杉磯的生活。他和女友分手，把搬家的消息告知室友，在某個週二的深夜離開公寓，留下大部分的物品，開著那台本田汽車前往舊金山。深夜沿著海岸北上前進時，切斯基幾乎看不見眼前的道路，但腦海中一直想著，這跟他長久以來覺得自己受困在工作中[4]，眼前總是看到的空盪道路感覺截然不同。這條路跟上班的路不一樣，這條通往舊金山的路看起來充滿了無限可能。

像 Craigslist，但更有質感

切斯基抵達勞許街的公寓時，傑比亞告訴他，他差點就得搬出公寓了，因為租金上漲到 1150 美元，而且一週內就要繳交。當時，切斯基的銀行帳戶裡只有一千美元。其實，他們幾週前就已經知道租金上漲，以及兩人必須分攤另一間空房房租的事實。切斯基還在洛杉磯時，他們就已經在想各種籌錢的方法。其中一個點子跟

國際工業設計協會／美國工業設計師協會（ICSID／

IDSA）有關，那是為設計圈舉辦、兩年一次的大會，10 月底即將在舊金山舉行，將吸引數千名設計師來到舊金山。所以他們知道，到時候當地旅館一定會爆滿，住宿價格也會提高。

兩人於是想到，何不趁大會期間，把公寓裡多餘的空間變成臨時的民宿呢？畢竟母校 RISD 曾教過他們，創意可以解決問題，而傑比亞的櫥櫃裡又正好有三張之前露營用的氣墊床。他們的公寓是寬敞的三房住宅，還有客廳、廚房和一間完整的臥室可以善加利用。他們可以提供便宜的住宿空間，甚至供應早餐，而且還可以去那些參加設計大會的人一定會造訪的設計類部落格打廣告。

接下來幾週，他們持續改進那個概念，而且愈聊愈覺得那個點子十分另類，搞不好真的可行。況且，在房租到期日逐漸逼近下，他們豁出去嘗試也沒什麼損失。於是，他們開始為網站畫輪廓圖及版型，以說明他們的概念。切斯基一搬進公寓後，他們就花錢請一位懂 HTML 的自由工作者，根據他們的設計，架設了一個初步的網站，並取名為 AirBed & Breakfast。最後的成品是一個充滿活力的網站，不僅清楚說明服務內容：「兩位設計師開發出一種讓大家在今年的 IDSA 大會上交流

的新方法」，也解釋系統如何運作。網站上清楚列出公寓內的三個房源，每個房源每晚收費八十美元，屋內設施則包括屋頂露台、「設計圖書館」、「激勵海報」、3D字體設計。網站上的一句宣傳語寫著：「看起來像Craigslist 和 Couchsurfing.com，但更有質感。」

　　他們發電郵給設計類的部落格以及大會的主辦和協辦單位，請他們幫助宣傳網站。沒想到大家都答應了，主辦和協辦單位覺得他們的點子很有趣又另類；設計類部落格則很樂意支持同行。切斯基和傑比亞認為，運氣好的話，他們應該可以吸引到兩三個嬉皮背包客，賺到足夠的錢來支付房租。幾天內，他們就接到三個人來訂房：三十幾歲的波士頓設計師凱特；四十幾歲來自猶他州、有五個孩子的麥克；剛從亞利桑那州立大學拿到工業設計碩士學位、來自孟買的阿莫・瑟夫。

　　這三個人都不是嬉皮，而是預算有限的專業設計師，他們正好需要切斯基和傑比亞所提供的住宿選擇。當然，他們願意訂房也需要豁出去的信心與勇氣。阿莫是第一位訂房者，雖然覺得那個概念蠻奇怪的，但他說：「我非常想參加大會。」他看到網站時，一眼就看出那是同好設計出來的東西。「你看得出來那是設計師為設計師同好做出來的東西。」他上網搜尋氣墊床究竟是

什麼玩意兒後（他來美國不久，沒聽過氣墊床），就填寫網站上的訂房單，預約 AirBed & Breakfast 的房間。他遲遲得不到站長的回應時，就自己搜尋到傑比亞的聯絡資訊，打手機給他。阿莫說：「對方接到電話時非常訝異，沒想到竟然有人真的願意借宿他家。」阿莫以每晚八十美元的價格，預訂了五晚的住宿，他說：「那對我們雙方來說都是巧妙的變通之道，我想以有限的預算參加大會，他們想籌錢付房租，我們各取所需，簡直是絕配。」

創業？還是失業？

阿莫抵達機場後，依循房東提供的舊金山灣區捷運（BART）路線圖，抵達了公寓門口。傑比亞出來應門，阿莫回憶道：「他打開門，戴著飛行員的帽子及時髦的大眼鏡，我心想：『沒錯，確實是個設計師。』」傑比亞請阿莫脫鞋，帶他參觀公寓及他承租的房間，房間裡有一張氣墊床、枕頭、迎賓包，迎賓包裡有 BART 通行卡、舊金山地圖，甚至還提供可以給遊民的零錢。阿莫說：「他們很細心周到，還問我：『你覺得那個包包裡還需要添加什麼嗎？』我說：『不必了，已經夠多了。』」

阿莫放下行李後，到客廳的沙發上坐下，打開筆記型電腦熟悉大會流程。傑比亞和切斯基也窩在桌邊為他們的新概念製作簡報。阿莫靠過去瞄了一眼，發現其中一張投影片就在描述自己是他們的第一個房客。他說：「那感覺很奇怪，我本人就在客廳，也同時出現在他們的簡報上。」切斯基與傑比亞開始問他幾個問題，請他給一些意見回饋，也邀他一起參加那晚的「設計師交流之夜」（PechaKucha）（譯註：源自日文「ペチャクチャ」，原意是「熱鬧地閒聊」，後來引伸為一種聚會簡報模式。），那是由多位設計師輪流上台向其他設計師做簡報的活動。現在，大家可以親眼看到他們設計出的系統的終端用戶。

　　另外兩位房客也很快入住，凱特和阿莫睡同一間房，麥克則睡在廚房。翌日，他們一起出發前往設計大會時，切斯基和傑比亞已經非常興奮，迫不及待要宣傳他們的新點子。他們向工作人員謊稱自己是部落客，躲掉了入場費。幾人一起在大會現場閒逛，切斯基還刻意在脖子上掛著相機，裝出部落客的樣子，他興奮地談論他們的新服務，阿莫就成了他們的活招牌。阿莫說：「他們只要能抓到人，就開始宣傳。」切斯基還會把阿莫推向前說：「你問他有多棒！」阿莫證實，他也覺得整個體驗很有趣，不只是單純的借宿而已。（切斯基最近回

想起當時的狀況，說道：「我們的產品就是最佳實證！他是最難能可貴的見證者。」）不過，眾人的反應大多是覺得好笑，沒有人認真看待他們的想法。大夥兒聚在費爾蒙旅館的大廳酒吧閒聊時，切斯基設法擠進包圍著某位知名設計師的人群，他崇拜那位設計師很多年了。見到大師後，他馬上自我介紹，並談到他們的新概念。對方聽完以後只淡淡地說：「希望那不是你唯一投入的想法。」那次際遇也開啟了後來多次被潑冷水的漫漫長路。切斯基說：「那件事令我永生難忘，彷彿深深烙印在我腦中。」

在設計大會場外，切斯基和傑比亞也帶阿莫到處參觀舊金山。兩人帶他去他們最喜歡的墨西哥捲餅店、舊金山渡輪大廈、史丹佛大學的設計學院。兩位主人為房客提供的早餐是 Pop-Tarts 吐司餅乾和柳橙汁。短短幾天，他們五人已經很習慣在公寓裡一起生活，切斯基還記得當時他和穿著內褲躺在廚房氣墊床上的麥克自在地聊天[5]。總計，那個週末他們共賺進一千美元。

即便如此，他們依然不覺得他們的點子真的能發展壯大，因為實在太違反常理了，那只是他們為了湊房租、繼續撐下去而想出來的東西，他們想藉此多爭取一點時間，想出**真正的大創新**。

所以，兩人又繼續構思他們想創立的公司，順便把傑比亞的前室友布雷察席克也拉了進來。布雷察席克是波士頓的天才工程師，那陣子正好有空閒。布雷察席克的父親是電機工程師，他十二歲時在父親的書架上發現一本書，自己看書學會寫程式。十四歲時，寫程式已經變成他的熱情所在。他開始上網接案，靠寫程式賺外快。高中畢業時，他光是撰寫及銷售行銷程式就賺了近一百萬美元，並用那些錢支付哈佛資訊工程系的學費。

　　但 2007 年的多數時間，他幾乎都埋首於一個失敗的教育類新創企業上，正打算離職。這時傑比亞已辭去紀事出版社的工作，繼「評論臀」坐墊成功之後，他又創立了新創公司 Ecolect.net，為設計圈提供永續環保材質的交易市場。他們三人常湊在一起腦力激盪，不斷從一個點子跳往另一個點子。一度，他們把焦點放在室友配對網站上，想像一個結合 Craigslist 和 Facebook 的室友媒合服務。切斯基說：「我們以為沒有人會想用 AirBed & Breakfast，但很多人都需要室友。」然而，他們花了四週的時間設計和改良點子後，在瀏覽器裡輸入 roommates.com，赫然發現那個點子和網站早就存在了。他們不得不回到起點，一切重來。

　　切斯基帶著沮喪的心情，回到紐約州的尼斯卡永納

（Niskayuna）過聖誕節。每次親友問他在做什麼，他總是回答他在創業，但母親糾正他：「才怪，你是失業。」他會反駁：「不對，我在創業！」但老媽依然吐槽：「不對，是失業。」除了父母，家鄉的人根本不知道「創業」是什麼，朋友問他：「所以你是創什麼業呢？[6]」他實在拿不出具體的東西來回答他們，只能一再把 AirBed & Breakfast 拿出來講。回亞特蘭大過節的傑比亞也遇到相同的情況，他們都已經習慣談論、推銷 AirBed & Breakfast 了，於是他們也不禁納悶：這該不會就是他們一直在尋找的**那個點子**吧？

不斷重來，直到有顧客上門

度假一回來，切斯基和傑比亞都對 AirBed & Breakfast 躍躍欲試。他們以前就反覆討論過這個點子，現在又進一步改良：他們可以為全美各地舉辦的熱門大會，打造提供住宿的網站。他們知道，那種聚會很容易導致旅館供不應求，正好創造出讓他們當初順利吸引到三位房客的需求。他們也找到下一個推出服務的完美時機：在德州奧斯汀舉行的西南偏南大會（South by Southwest），這個集合科技、音樂，與電影的盛會，如

今已發展成美國頂尖科技業的一大盛事。

　　兩人知道，他們要先說服布雷察席克加入，沒有他就不可能成功。於是，他們打電話給布雷察席克，說有一件令人興奮的事情要跟他分享，邀他出來吃飯，並推銷這個點子。布雷察席克聽完之後，有點遲疑。他喜歡那個構想，以前和傑比亞同住時，他們常利用晚上和週末幫彼此完成業餘開發的小專案，所以他很清楚兩人有類似的工作理念。布雷察席克覺得他們三人會是很不錯的團隊，但他一邊聽這兩位設計師朋友闡述遠大理想，心裡一邊開始擔心工程有多麼浩大。畢竟，三人之中只有他有工程背景，整個網站幾乎都要靠他一人建構，若要趕在西南偏南大會之前上線，他們只剩幾週的時間。布雷察席克回憶道：「當初我雖然表示支持，但不敢貿然答應他們。」

　　切斯基和傑比亞也察覺到布雷察席克的保留態度，回家後又重新規劃，隔週又再把布雷察席克約出來，試圖說服他。但他們搭電梯要去見布雷察席克時，傑比亞突然意識到，他們的心中的構想可能還是太大了。「布雷察席克聽完一定會嚇跑，」他搖頭說：「我們必須把規模縮小一點。」他們馬上討論出另一個版本「AirBed & Breakfast 輕量版」，比原來的版本少了一些功能和技

術門檻，幾週內就能上線。傑比亞說：「一樣優秀的產品，但需要寫的程式少了一半。」他們一起喝了幾杯酒後，布雷察席克終於答應試試看。

早期那段時間，切斯基深信他們的服務應該是免費的，他說：「我對於創立一家公司還是有點緊張。」他們想讓 AirBed & Breakfast 成為一股風潮，切斯基以前一直抱持著一種理想，覺得一切資源都應該免費共享。「那時我的想法很前衛，覺得 Airbnb 應該是像 Couchsurfing 那樣的免費網站，免費服務大家，真的不收錢。」但傑比亞和布雷察席克說服他放棄那個想法，切斯基後來終於被說服：「後來我想：『你們說的沒錯，網站應該營利，這其中絕對有某種商業模式。』」

他們決定為西南偏南大會推出新網站 Airbedandbreakfast.com，並想辦法吸引另一波的報導。那也是切斯基後來常建議其他創業者採用的戰術：「如果你推出產品後，沒什麼人注意到，你可以一直重新推出，讓媒體持續報導。我們當時覺得，反正就一直捲土重來，直到有顧客上門就對了。[7]」他們設計出一個網站，標榜專門為超熱門大會提供另類住宿選擇（網站上寫道：「終於！在昂貴的旅館之外，有了另類選擇！」），他們也發新聞稿給一些科技部落客，但大家幾

乎沒什麼反應。布雷察席克說：「網站幾乎沒什麼在動。」這樣說還算客氣了，實際上他們只吸引到兩位房客在網站上訂房，其中一位還是切斯基本人。

就連收留切斯基的房東也是三位創辦人特地去Craigslist上找到，拜託對方在 AirBed & Breakfast 上刊登房源。那位房東就是德州大學奧斯汀校區的博士生黎進勇（Tiendung Le）。切斯基抵達他家時，驚喜地發現黎進勇已把氣墊床擺在客廳，枕頭上還擺了薄荷糖。黎進勇回想當時的情況，只記得切斯基花了很多時間待在陽台，打電話或是陷入沉思。黎進勇每天早上都幫切斯基沖一杯濃縮咖啡（他說切斯基總是兩秒就喝光），並開車送他去會場。途中，切斯基會聊起他對公司的願景，以及他多希望見到當天來會場上演講的祖克柏（Mark Zuckerberg）。

那次推出上市幾乎沒做到生意，但西南偏南大會確實發揮了幾個效用。切斯基自己用過網站以後，找出支付流程的一些問題。他連續兩次忘記去 ATM，所以有兩個晚上過得特別尷尬——他住在陌生人的家裡，對方也沒有理由相信他真的會付錢。房東黎進勇也覺得，相處一兩天混熟了以後，他也不好意思跟切斯基要錢。三位創辦人因此了解到他們需要設計更周全的支付系統。

此外，西南偏南大會結束後，他們聽到一些潛在顧客問，他們正要去其他地方旅行，但不是去參加會議，也可以使用 AirBed & Breakfast 嗎？創辦人只能回答：「不行。」

創業導師引進門

在西南偏南大會上，切斯基和傑比亞也結識了重要的人脈。他們在勞許街的第三個室友菲爾·雷納里（Phil Reyneri）在新創公司 Justin.tv 上班，他陪同二十五歲的執行長麥克·賽柏（Michael Seibel）去奧斯汀參加大會。切斯基決定在奧斯汀多待一晚，於是賽柏讓他借宿在自己的旅館房間。切斯基與賽柏分享創業想法，賽柏聽了很喜歡，他回憶道：「當時我心想：『是啊，真有道理。』」他自己也用過 Couchsurfing.com。聽完切斯基的說明，賽柏雖沒料到 AirBed & Breakfast 日後會變成價值數百億美元的新創巨擘，卻也不感意外。畢竟，他們當時就是幾個從外地來參加會議，一起擠在一間狹小的旅館房間裡的同伴，賽柏說：「我們當時親身體驗了住宿不夠的問題。」

如今，賽柏是經驗老道的創業顧問，已有兩次成功

創業經驗：他和共同創辦人以 9.7 億美元高價把 Twitch（前身就是 Justin.tv）出售給 Amazon；他也以六千萬美元把影片分享程式 Socialcam 賣給 Autodesk。但當時他才二十五歲，第一次當上執行長，沒什麼經驗。他說：「那時候，想創業的人不會找我推銷點子。」切斯基和傑比亞是最早向他請益的創業者。

不過，那時他才剛經過知名創業育成中心 Y Combinator 的洗禮，Y Combinator 是創業家兼創投業者保羅‧葛蘭（Paul Graham）與合夥人共同創立的創業育成公司，賽柏是 Y Combinator 現任執行長。賽柏告訴他們，他可以提供一些建議，等規劃更具體之後，他可以介紹他們認識一些天使（angels）。切斯基根本聽不懂賽柏在講什麼，他回憶起當時的疑惑：「我心想：『天啊，這傢伙竟然還相信天使耶，這是在搞什麼？』」賽柏解釋，他是指天使投資人（angel investors），只要跟他們吃個飯，就有可能獲得兩萬美元的投資。切斯基一聽，覺得更匪夷所思了。賽柏連忙解釋：「不是你想的那樣，你要向他們簡報，推銷你的點子。」切斯基連簡報檔是什麼都不知道，但他直覺應該聽賽柏的意見。

西南偏南大會結束後，網站流量又回歸沉寂，創辦人也回到舊金山。他們雖然感到沮喪，但切斯基和傑比

亞已經想好了下一步：那年是總統大選年，民主黨全國代表大會（DNC）將在 8 月舉行，地點在丹佛，他們可以再試一次。但原本持保留態度的布雷察席克已經轉為徹底懷疑，他一直在做另一個他更感興趣的專案：為 Facebook 建構社交廣告的網絡。他依然喜歡 AirBed&Breakfast 的概念，但也很務實地看待西南偏南大會的成果。除非切斯基和傑比亞能想出更好的策略，否則他不想投入全部的精力。他說：「傑比亞和切斯基真的很想繼續做下去，但是在我們更了解產品本質，以及想辦法創造出更好的結果之前，我其實很猶豫。」

所以接下來的幾個月，布雷察席克把大部分的時間花在自己的創業概念上，切斯基和傑比亞則是持續改進他們的概念和產品，每週都跟賽柏分享最新進度，並聽取他的意見和建議。傑比亞說：「賽柏的功勞是看顧我們。每次我們走偏了，他會說：『老兄，你們在幹嘛？回來回來。』」他們稱他為「創業導師」（"godfounder"）。

由於布雷察席克並未全力投入 AirBed&Breakfast，賽柏的許多建議都無法落實。切斯基和傑比亞不想讓賽柏知道布雷察席克並未全力投入，因為賽柏已經開始把他們介紹給投資者，新創企業若是缺少有工程背景的創

辦人，根本不可能有機會獲得投資。賽柏一直以為布雷察席克是全力投注在 Airbedandbreakfast.com 上，傑比亞和切斯基覺得比較實際的狀況是，他每天可能只花幾小時在上面。他們根本不敢讓賽柏知道真相，事實上，布雷察席克可能好幾天才花不到一小時在做 Airbedandbreakfast.com，切斯基說：「我們後來才知道布雷察席克對這個案子的投入有多少，他做的事情愈來愈少，跟我們聯繫的頻率也愈來愈低。」

　　時序進入 5 月，布雷察席克突然丟出一顆震撼彈：他要搬回波士頓和就讀醫學院的女友（現在的妻子）同居了。布雷察席克坦言：「對傑比亞和切斯基來說，那個消息簡直是晴天霹靂，整個團隊好像快瓦解了。」確實如此，下個月，切斯基和傑比亞開始尋找另一位共同創辦人。他們趁 Apple 在舊金山的莫斯克尼會議中心（Moscone Center）召開全球開發者大會（Worldwide Developers Conference）時，貼出徵求「共同創辦人及技術長」的廣告。布雷察席克說他當時並沒有危機感：「從我自己遲疑的原因來看，我相信外人會比我更有疑慮，所以不太擔心突然被取代。」

　　切斯基和傑比亞仍持續修正改進產品概念，不斷收集賽柏的意見，也持續打電話和布雷察席克溝通，因此

這段期間 AirBed & Breakfast 的概念得以擴展及翻新：他們不再只是鎖定熱門會議，而是改成預定住宿的網站，流程就像旅館訂房一樣簡單。基本上，目前的 Airbnb 概念已經成形，但這也表示他們必須建構更先進的支付系統，讓用戶在網站上就能完成交易，不需要連到其他地方。此外，這也表示他們需要一套評價系統以及更穩健完善的網站。

這是更具野心的計畫，但也正是布雷察席克想聽到的。這時，他也決定放棄社交廣告的想法，因為他發現那個概念不只需要工程專長，他也缺乏共同創辦人。他決定再次投入 AirBed & Breakfast，並答應從波士頓參與開發。

沒有投資人敢碰的事業

同時，切斯基和傑比亞也開始會見賽柏提到的「天使」，或至少想辦法跟那些天使見面。這時，他們已經決定由切斯基擔任執行長，切斯基回憶道：「其實我們沒有認真討論過，只是剛好需要有人掛那個頭銜。」他們三人擁有截然不同的能力，切斯基顯然是三人之中的領導者。切斯基說：「其實我懂的遠比傑比亞和布雷察

席克少，他們都參與過新創事業，我沒有，所以我總是想辦法貢獻一己之長。於是，我逐漸變成新創公司的門面。」尋找投資人的過程，很快就變成連串的閉門羹考驗。賽柏幫他們引見了七位投資人，多數投資人聽完簡報後都毫無回應。有回應的人也是以各種方式婉拒他們，理由包括：那不是他們鎖定的領域、他們對旅遊業不在行、潛在市場似乎不夠大、他們正在忙其他專案、出差沒空、分身乏術等等，或是乾脆祝他們好運：

> 切斯基，很高興認識你，你的概念聽起來很有趣。遺憾的是，那不是我們鎖定的領域，但我們依然祝你好運。

> 從投資角度來看，很遺憾，那個機會不太合適我們……潛在的市場機會似乎還不夠大，無法符合我們的模型要求。

> 謝謝你打電話來追蹤後續狀況。很抱歉，我今天因為出差無法接聽電話，週四晚上才會回來。你們最近的進展真不錯，但由於我們還有很多尚未解決的議題，目前的時間也被其他的專案綁住了……所以

此刻我無法投資。我最大的擔憂包括：

－民主黨大會和共和黨人會結束後，如何提升流量

－技術人員

－聯合投資集團（investment syndicate）

切斯基，

昨天我們決定不再考慮這個案子，我們對旅遊業一向不在行。

我們知道這是電商的一大領域，但基於某些原因，我們對旅遊相關的事業一直不太熱中[8]。

切斯基和傑比亞好不容易獲得幾個見面機會，但結果幾乎都很慘烈。投資人覺得把住家空間出租給陌生人的概念實在太奇怪了，風險出奇地高。他們對切斯基和傑比亞的藝術學院背景也缺乏信心，覺得他們缺少技術DNA（當時的投資人仍在尋找下一個 Google，也就是說，兩個史丹佛博士生）。他們在帕羅奧圖（Palo Alto）的大學咖啡館（University Café）和一位投資人見面，那個人在會議途中，突然毫無預警地起身離開，把喝了一半的冰沙留在桌上。傑比亞和切斯基還為那杯冰沙拍了一張照片。

值得一提的是，當時他們估計公司價值一百五十萬美元，正在找投資人以十五萬美元的價格買下 10% 的股份。那十五萬美元的投資，今天可能值好幾十億美元。但是在當時，他們的創業概念彷彿像有輻射線一樣，切斯基說：「根本沒人想碰。」

反正不斷重新啟動就對了

　　三位共同創辦人毫不氣餒，持續改進產品，所以 DNC 民主黨全國代表大會在丹佛舉行時，他們已經設法解決了網站的付款問題，也加入評價系統，並想出新的行銷口號：「和在地人一起旅行。（Stay with a local when traveling.）」當時，全美對 DNC 的興奮期待之情也持續升溫：歐巴馬獲得民主黨提名，引起媒體熱烈關注，所有人對那場大會的興趣大增。DNC 主辦單位決定把歐巴馬發表提名演說的地點，從百事中心（Pepsi Center）移到可容納八萬人的哩高球場（Invesco Field）。當地媒體開始報導，丹佛只有兩萬七千個旅館房間，可能出現嚴重的供不應求。切斯基後來在美國都市與土地協會（Urban Land Institute）演講時提到：「對我們來說，那股『瘋』潮可是天賜良機。[9]」這可能是他

們一炮而紅的機會。

　　2008 年 8 月 11 日，就在 DNC 大會舉行的前幾週，切斯基、傑比亞和布雷察席克再次將網站上線，這是他們第三次出擊。靠著鍥而不捨的態度與熟人幫忙，他們得到知名科技部落格 TechCrunch 為他們寫的一則專題報導。報導標題是〈AirBed & Breakfast 把借宿提升到新的層級〉，記者艾瑞克・襄菲爾德（Erick Schonfeld）寫道：「氣墊床結合網路，人人都可以當旅館老闆」。那篇報導使他們知名度大增，但暴增的流量也導致網站掛點。當天切斯基和傑比亞正好和另一位天使投資人麥克・梅波（Mike Maples）約好見面。由於網站已經上線，他們決定不帶簡報檔，直接讓梅波看真實的網站運作。但是他們打開網站來做示範時，才發現網站掛點了，當下又沒有簡報檔可用。切斯基後來說：「我們只好大眼瞪小眼，硬撐了一個小時。」梅波並未投資他們。

　　在 DNC 大會前，他們又遇到另一個問題：房源不足。沒有人訂房，房東當然不會想上網刊登房源。刊登的房源不夠，就更不可能吸引顧客上網租房。如此一來，不僅網站無法經營，更不可能觸發「網絡效應」（network effect），亦即一個東西一旦被愈多人使用，其價值就愈高，因此又可以吸引到更多人使用。他們一開

始主動尋找房東時，發現大家要不是不想出租自家空間，就是覺得他們在做某種奇怪的社會實驗。

切斯基也許不懂什麼是天使或簡報檔，但他和共同創辦人在媒體運用方面，向來有非常敏銳的直覺。他們知道，就像舊金山設計大會的那個 10 月的週末，這次成敗的關鍵在於他們能不能吸引到大批媒體報導。他們也知道，政治新聞媒體亟欲報導任何與選戰有關的新聞。於是，他們發揮創意，開始從丹佛當地最小的一些部落格開始找，請他們幫忙宣傳，愈小的部落格愈有可能願意報導他們的網站。某些小型部落格報導他們之後，啟動了骨牌效應：較大的部落格也跟進報導；《丹佛郵報》之類的當地報紙看到網路報導後，也跟進報導。當地的電台看到報社報導後，也做了連線報導；接著《政治新聞網》（*Politico*）、《紐約每日新聞》、《紐約時報》等全國性媒體注意到之後，也開始報導。

這招媒體策略果然奏效，也因此啟動了租屋的供需運作：八百個房東上網刊登房源，吸引了八百個房客來訂房。在這整段過程中，充滿了令人緊張不安的時刻。例如，他們使用 PayPal 來處理所有的付款，但 PayPal 一發現網站活動大幅飆升，因為覺得可疑而立刻凍結他們的帳戶。布雷察席克花了好幾個小時，和 PayPal 在印

度的客服人員溝通。切斯基和傑比亞則是忙著懇求惱怒的房東耐心等待，向他們保證一定會收到款項（他們確實在週末結束時收到錢了）。不過，整體來說，那次經驗令他們士氣大振，興奮不已。切斯基後來在爐邊聚會上告訴記者萊西：「我覺得我們像披頭四一樣，瞬間爆紅了。」

但爆紅過後，網站又迅速回歸沉寂。儘管當時吸引到不少訂房及媒體報導，DNC 大會一結束，網站的流量又消失了。切斯基說：「如果每週都有政治大會，我們肯定可以做得很大。」但現實狀況是，他們又再次回到原點。切斯基後來用醫學用語形容，當時感覺好像快要失去他們的病人了[10]。

麥片創業家

DNC 大會後，布雷察席克回到波士頓，切斯基和傑比亞兩人背著一身債務回到舊金山，眼看著網站流量再次歸零。在走投無路、無計可施下，他們重新啟用DNC 大會以前想過的一個點子：贈送「房東」免費早餐，讓他們為房客準備早餐。AirBed & Breakfast 這個名稱裡就掛著 Breakfast 這個字，那也是整體概念的一

部分。於是，他們決定贈送穀物麥片，正值 DNC 大會剛結束不久，他們虛構了一個早餐麥片品牌「歐巴馬圈圈」，還自己設計了麥片包裝，加上標語「改變的早餐」（The breakfast of change.）和「每碗都有希望」（Hope in every bowl.）。後來又增加共和黨參選人的版本「馬侃上校」，標語是「口口都獨到」（A maverick in every bite.）。他們請來插畫家設計包裝紙盒，又請廣告歌曲創作者喬納森・曼恩（Jonathan Mann）為兩個版本各寫一首廣告歌（曼恩也是早期加入租屋行列的房東）。上網就可以輕易搜尋到這兩首歌，而且很值得一聽，歐巴馬版的歌詞如下。

> 哦老天！是歐巴馬圈圈！
> 媽咪，我想買歐巴馬圈圈！
> 超酷麥片，你不可不知道。
> 街頭巷尾，人人都在談論著。
> 只要吃一口，你就會明瞭。
> 因為每個圈圈都代表著「我們辦得到！」
> 哦老天！是歐巴馬圈圈！
> 媽咪，我想買歐巴馬圈圈！[11]

　　DNC大會結束後，傑比亞和切斯基開始在廚房裡重新啟動這個早餐麥片的點子。只要可以製作出十萬盒的麥片，每盒賣兩美元，就能為公司籌綽資金。切斯基甚至覺得，那可能跟獲得天使投資人的資金挹注有一樣的效果。這時兩人已經刷爆了好幾張信用卡，卡債都高達兩萬美元。布雷察席克覺得那個計畫太瘋狂了，一開始還以為他們在開玩笑（因為他們常開他玩笑）。布雷察席克告訴他們：這樣做他沒意見，但他不想參與，也要求他們不要亂花錢。「我們三個沒工作已經快一年了，」布雷察席克說：「我不想管他們了。」

　　切斯基和傑比亞回到他們最熟悉的模式：全力發揮創意。他們找到一位在柏克萊開印刷店的RISD校友，對方不願意印製十萬個紙盒，但如果可以從銷售中分紅，他願意幫他們免費各印出五百個盒子。那麼少的印量無法幫他們籌募到想要的資金，於是他們決定把麥片改成「限量版」發售，每個盒子上都標有流水號，當成行家的收藏版來宣傳，一盒賣四十美元。

　　他們跑遍舊金山的超市，開始找最便宜的麥片，裝滿一車又一車的購物推車，總共買了一千盒售價一美元的麥片，全部塞進傑比亞的紅色吉普車載回家。回到廚房後，他們拿著熱熔膠槍，開始把那一千盒麥片改造成

他們的特製版。他們自己折紙盒，用熱熔膠槍封口。切斯基接受萊西訪問時回憶道：「感覺像在餐桌上做巨型摺紙。」他還不小心燙傷手。他不禁想，祖克柏推出Facebook 時，也沒需要用到熱熔膠槍 [12]，或是為了組裝麥片盒而燙傷手吧。他心想，這可能不是什麼好預兆。

　　但他們還是完成了麥片盒。為了幫奄奄一息的公司最後一搏，他們再次通知媒體，希望藉此獲得關注。他們想像科技記者平時已經接到太多業界消息的疲勞轟炸，但應該不常收到實體的麥片，或許他們收到麥片會有所反應。如果科技記者把麥片盒放在桌上或新聞部的書架上，其他的記者可能也會看見。結果這招果然奏效：媒體很有興趣，他們開始收到麥片的訂單。歐巴馬圈圈三天就宣告售罄，後來 eBay 和 Craigslist 上開始有人以一盒三百五十美元的高價轉售（馬侃上校麥片則始終沒賣光）。

　　他們靠著麥片收入還清了債務，但 AirBed & Breakfast 網站的流量依然少得可憐，他們也不知道該怎麼提升流量，那陣子非常難熬。有一次在電話上，切斯基的媽媽黛波問兒子：「等等，所以你現在改開麥片公司了嗎？」聽到老媽問了那麼尷尬的問題，切斯基都不知道該怎麼回應。他們從本業得到的收入還不到五千美

元，賣麥片的收入約有兩萬多美元。布雷察席克打從一開始就對麥片計畫深感懷疑，他覺得他已經受夠了，不想再花心思在他們的點子上。他在波士頓開始重操舊業當顧問，也訂婚了。

切斯基和傑比亞在舊金山的公寓裡又回到了起點，身無分文。那一年切斯基的體重掉了近十公斤。在沒錢、沒食物的狀況之下，後續的幾個月，他們只能吃賣不掉的馬侃上校麥片充飢，連牛奶都買不起，只能乾吃麥片。即使過得如此窘困，切斯基依然不放棄策略規劃。一度，黛波還勸兒子去買些牛奶，切斯基回她：「我們打算這樣硬撐下去，將來這個故事會更勵志。」

2008 年 11 月的某一個晚上，切斯基和傑比亞與賽柏共進晚餐，賽柏建議他們去申請 Y Combinator 的創業培訓班。切斯基聽到那個建議時，原本不太高興，因為 Y Combinator 是輔導那些還沒推出上線的公司，AirBed & Breakfast 已經推出上線了，他們有顧客！TechCrunch 也報導過他們了！但賽柏直接講出他們心知肚明的真相：「你看看你們，公司已經奄奄一息了，快加入 Y Combinator 吧。」其實申請日期早就過了，但賽柏發信給葛蘭，請他破例收件。葛蘭回應，只要他們在午夜以前遞交申請書，他會考慮讓他們加入。他們馬上打電話

給波士頓的布雷察席克，凌晨一點把他從睡夢中吵醒，問他能不能把他的名字放在申請書上。布雷察席克答應了，但他後來已經不太記得自己答應過他們。

　　完成申請後，他們獲得了面試機會，也設法說服布雷察席克回到舊金山。Y Combinator 的申請流程以嚴苛著稱，面試時間僅十分鐘，由葛蘭和合夥人以連珠砲似的風格發問，申請者不准使用簡報。他們三人為此準備了好幾個小時，相互模擬面試時的拷問流程，接著就準備上場。出發去面試前，傑比亞隨手各抓了一盒歐巴馬圈圈和馬侃上校麥片，塞進袋子裡，但是被切斯基和布雷察席克攔住了，布雷察席克說：「你瘋了嗎？把麥片留在家裡。」傑比亞說：「當時他們二票對我一票，我別無選擇。」他們坐上傑比亞的吉普車，開車到 Y Combinator 位於山景城（Mountain View）的總部。

　　面試過程並不順利，他們說明完創業概念後，葛蘭問的第一個問題是：「真的有人這樣做嗎？為什麼？他們的腦袋有什麼毛病嗎？」切斯基覺得，葛蘭欣賞他們對市場和顧客的瞭解，但似乎對整個概念很不以為然。葛蘭和其他人常指出，當時那家公司的概念還停留在房東會在現場的狀況，創辦人尚未想到房東可能把整個住家或公寓租出去。他們起身離開時，傑比亞突然從袋子

裡拿出兩盒麥片。原來，他趁著夥伴們沒注意時，偷偷
夾帶了麥片來面試。他走向正在和合夥人交談的葛蘭，
遞給他一盒。葛蘭尷尬地謝謝他，以為他們去買了麥片
來當奇怪的禮物。傑比亞說，不是，那是他們親手製造
及銷售的麥片。事實上，那是他們公司的資金來源。他
們跟他說明歐巴馬圈圈背後的故事，葛蘭坐下來聆聽，
聽完以後說：「哇！你們簡直是打不死的蟑螂。」

　　葛蘭告訴他們，他們若是獲得錄取，會很快接到電
話通知，但規定很嚴格：若是接到錄取通知，他們必須
當場決定要不要接受，否則他們會馬上把機會讓給其他
人。他們開吉普車回舊金山的路上，切斯基看到葛蘭的
電話號碼顯示在他的手機螢幕上。他馬上接聽，傑比亞
和布雷察席克在一旁熱切地屏息以待。葛蘭才剛說：「我
很高興……」電話就斷了，他們正好開在矽谷和舊金山
之間的 280 號公路上，那裡以收不到手機訊號聞名。切
斯基後來回憶道：「當場我不禁大叫：『不～～～！』我
和傑比亞嚇死了，傑比亞則是大喊：『快！快！快開！』」
他們在車流中慌亂地鑽來鑽去，希望能收到訊號。切斯
基說：「我心想：『天啊，完了，我剛搞砸了。[13]』」

　　他們回到舊金山後，葛蘭再次打電話來，告知錄取
的消息。切斯基一聽，假裝他必須先詢問共同創辦人的

意見以後才能答應他。於是，他把葛蘭放在靜音模式，假裝詢問其他人，其他人當然別無選擇。接著，他告訴葛蘭，他們決定接受錄取。葛蘭後來告訴切斯基，是麥片說服了他們。「如果你能說服大家花四十美元買一盒只要四美元的麥片，你或許也能說服大家睡在別人的氣墊床上，」他說：「或許你們真的能辦到。」

錄取之後，三位創辦人可獲得 Y Combinator 提供的兩萬美元種子資金。Y Combinator 以這筆資金換取公司6％的股權。他們可以加入下一期的培訓課程，為期三個月，從 1 月開始。迎新晚宴預定在 2009 年 1 月 6 日舉行。切斯基說他後來費了好一番功夫，才終於說服布雷察席克搬回舊金山勞許街的公寓三個月。三人終於再度合體了，老天又給他們一次機會。

快去用戶身邊！

2005 年由葛蘭和三位合夥人共同創立的 Y Combinator（簡稱 YC），很快就成為矽谷最負盛名的創業育成中心之一，《財星》形容它是「集創業育成、大學、創投基金於一體」的公司 [14]。想獲得錄取並不容易，獲准加入的新創企業可獲得五千美元的種子資金，

外加每個創辦人各五千美元的補助，以及葛蘭和合夥人提供的無價知識、人脈和營運協助。YC 透過創辦人及校友、顧問、投資人的專業知識與強大人際網絡，提供各種實務面指導，從籌組公司與法律事務，到人才招募、營運計畫、出售事業給收購者、創辦人之間的紛爭調停等等，他們都能提供協助。

YC 可說是一家全方位的創業學校，以其提供的資源（透過晚宴、演講者、YC 領導者的親身指導）及獨到的運作方式著稱。YC 的座右銘「做出大家想要的東西」是 Gmail 的開發者保羅‧布赫海特（Paul Buchheit）最早提出來的。YC 有許多原則和一般 MBA 教育背道而馳，那句座右銘就是一例。切斯基後來說，雖然他讀過 RISD，但他其實是從 Y Combinator 學院畢業的。葛蘭本身已是矽谷的英雄人物，他有很多創業的想法與著作，以智慧過人及嚴格指導後輩的風格著稱。

如今，YC 每季都會錄取上百家公司。但 2009 年 1 月，YC 僅錄取十六家公司，AirBed & Breakfast 就是其中之一。當時正值經濟大衰退的谷底，創投資金已枯竭。幾個月前，紅杉資本（Sequoia Capital）召開一場會議，合夥人在會議上發表了一份後來廣為人知的簡報，標題是〈安息吧，好時光〉（RIP Good Times）。當

年得到機會加入 YC 的新創公司可以選擇延後加入，等景氣好轉後再來。但 AirBed & Breakfast 已經沒本錢延後了，他們已經沒有退路。

由於資金較為吃緊，葛蘭要求整個團隊專注在一件事上：在「發表日」（Demo Day）前開始獲利。發表日是一年兩次的說明會，由剛從 YC 結業的創業者向投資人介紹營運計畫。那年的發表會訂在三月，而葛蘭定義的「獲利」是指「足以填飽肚子的獲利」（Ramen profitable），亦即獲利足以支應創業團隊的基本生活開銷，即使只夠買超市的便宜麵條。總之，他們只有三個月時間。

切斯基、傑比亞和布雷察席克在加入 YC 之前就已經彼此約定，那三個月他們會全力以赴。每天，他們早上八點起床，工作到半夜，每週工作七天。就這一次，他們要百分之百全心投入，不做其他事。他們決定，萬一最後一天募不到資金，他們就要各奔東西。聽完葛蘭的始業說明後，他們根據葛蘭的說法，做了一張形狀像曲棍球棍曲線的營收圖，貼在公寓的浴室鏡子上，每天早上醒來第一個看到以及睡前最後一個看到的都是那張圖，而且每週更新。

他們需要學習的東西多到數不清，但他們卯足全力

吸收。葛蘭從一開始就灌輸他們兩個很重要的觀念：第一，他問他們目前有多少用戶，他們回答不多，頂多一百個吧。葛蘭告訴他們不要擔心，一百個愛你們的用戶，遠勝於一百萬個喜歡你的用戶。這項主張和矽谷的普遍看法背道而馳，矽谷向來以規模和成長為重，他們覺得葛蘭提出的觀點很受用，給了他們很大的希望。第二，葛蘭問到用戶的狀況。這些用戶在哪裡？他們回答，主要是在紐約市。葛蘭一聽，沉默了半晌，接著反問：「所以，現在你們在山景城，但用戶在紐約市？」他們彼此互看了幾眼，又回頭看葛蘭說：「對啊。」

「那你們還待在這裡做什麼？」葛蘭對他們說：「**快去紐約！去用戶那裡！**」

於是，他們真的去紐約面對用戶了。後續的三個月，傑比亞和切斯基每週末都會飛一趟紐約。布雷察席克待在舊金山寫程式時，他們在紐約踩著雪地前進，挨家挨戶地拜訪用戶，或是乾脆住在用戶那裡。他們從用戶訪談中得到很多訊息，但他們學到更多的是，住在用戶的家裡，親身觀察用戶如何使用 AirBed & Breakfast 的網站。他們迅速發現兩個問題：房東不知道如何定價，以及照片看起來沒什麼吸引力。用戶不太會拍照，2009 年還有很多人不太懂得利用上相的照片來吸引顧

客。所以，很多實際上看起來不錯的房子，在網站上顯得昏暗又寒酸。他們因此決定為房東免費提供專業攝影服務，指派攝影師去房東家拍照。但他們根本沒有預算請攝影師，所以切斯基向 RISD 的朋友借了一台相機，自己充當攝影師。他常以執行長的身分拜訪房東，隔天又變身成「攝影師」去敲同一個房東的門。

切斯基也身兼一人支付系統，他常從背包裡掏出支票本，開個人支票給他們造訪的房東。網站上的客服電話則全部轉接到傑比亞的手機。他們挨家挨戶招攬新用戶，舉行房東聚會，遇到人就宣傳這個可用自家空間賺錢的新服務。每週他們都會把收集到的用戶意見帶回去給布雷察席克，如此一週又一週地改進網站。

他們也去華盛頓特區，那裡有一小群用戶。1 月底，他們把握另一次重要機會再次推出——歐巴馬就職典禮。他們架設 crashtheinauguration.com 網站，並結合上次為丹佛 DNC 大會啟用的策略以及前述的微目標定位法（microtargeting approach，亦即挨家挨戶拜訪房東、舉辦房東聚會、推動大家盡量刊登房源，讓整個社群活絡起來），最後促成七百位華盛頓特區的居民刊登房源，以及一百五十筆訂房交易。

此外，這些經歷也讓他們大開眼界，摒除了以前對

創業抱持的狹隘觀點。以前他們要求房東只能出租氣墊床，即使有實際的空床位也不能刊登。切斯基記得，他曾經建議想出租實際床位的用戶，把氣墊床放在那張床上才能符合資格。還有一個房東是即將出外巡迴演出的音樂家，詢問能否出租整個公寓，切斯基和傑比亞回答不行，屋主不在家，誰來為房客提供早餐？那位音樂家就是大衛·羅森布拉特（David Rozenblatt），他是跟著歌手巴瑞·曼尼洛（Barry Manilow）四處巡演的鼓手，他的提問永遠改變了 AirBed & Breakfast 的業務：他的要求讓三位創辦人了解到，他們的事業潛力遠比之前所想的大得多。

他們刪除了提供早餐的規定，並增添了出租整間公寓或住家的選擇。切斯基後來到 YC 創業育成中心演講時提到，羅森布拉特是從演唱會的後台打電話給他，抱怨他無法登入自己的帳號[15]，切斯基還聽得到電話的另一頭有歌迷持續大喊：「巴瑞！巴瑞！」。葛蘭也提過，AirBed & Breakfast 的早期模式太過狹隘，約莫此時，他建議三人把 AirBed（氣墊床）從公司名稱中移除，以拓展市場潛力。他們買下 Airbanb 的網域名稱，但覺得那個字看起來太像 AirBand，所以後來改成 Airbnb。

某次造訪紐約，他們會見了備受推崇的創投業者弗

雷德·威爾森（Fred Wilson）。威爾森是聯合廣場創投（Union Square Ventures）共同創辦人。葛蘭認為，如果有投資人能看出 Airbnb 的潛力，那肯定是威爾森，因為他率先投資了多家 Web 2.0 的新創公司。但威爾森和他們見面後，卻表示不願意投資。他和創投團隊的成員都很喜歡 Airbnb 的創辦人，但他們覺得那個點子的市場不大，威爾森後來在部落格裡寫道：「我們想不通客廳裡的氣墊床如何取代旅館房間，所以沒有投資他們。」

受訓期間，他們三人始終是 YC 的模範學生。切斯基和傑比亞每週都會飛回舊金山，竭盡所能地學習，他們每次都提早抵達 YC 的活動現場，即使從機場拖著行李直奔會場也在所不惜。他們三人常纏著葛蘭發問，「我們每週都會去葛蘭的辦公室向他請益，即時他沒有時間指導我們，我們還是照去不誤。」切斯基回憶道：「我們總是比其他人早到，比其他人晚走，比大家更敢問，也更好奇。」葛蘭也認為切斯基的描述很實在：「我確實常和他們談話。」他也提到，看過數百家來 YC 受訓的新創企業後，他發現一個有趣的現象：後來最成功的公司，都是受訓時最積極投入的公司。「最成功的公司不會覺得他們已經學得夠多了，糟糕的公司才會有那種想法。」

隨著發表會逐漸逼近，三人也看到網站流量有增加的跡象——葛蘭稱之為「希望的火苗」。訂房數量開始增加，達到每日二十筆。他們從數字就可以看出，與紐約用戶的面談心得，以及採用的各種游擊行銷策略已經開始發酵。訂房和營收開始持續流入，幾週後，他們終於獲得「足以填飽肚子的獲利」，達到那三個月來天天在浴室鏡子上看到的那個營收目標：每週一千美元。三人在勞許街公寓的頂樓開香檳慶祝。

火箭終於發射升空

這時，Airbnb 還有一個大問題要解決：他們需要資金。投資者常來 YC 探訪葛蘭及合夥人，看他們正在培育什麼事業。2009 年 4 月，紅杉創投合夥人葛雷格‧麥卡杜（Greg McAdoo）來到 YC。紅杉是資助過 Google、Apple、Oracle 等多家公司的知名創投業者，麥卡杜和合夥人這時覺得，經濟不景氣可能正是投資的好時機。他問葛蘭，景氣低迷時，他覺得哪種創業者最有能力把事業做起來。葛蘭回答：「意志堅韌」的創業者。麥卡杜又追問，這一期的創業育成班裡，有人有這樣的特質嗎？葛蘭說，有一個三人創業團隊很有意思，

他們有一個很獨特的概念是出租住家，也許麥卡杜會想跟他們聊聊。碰巧，麥卡杜才剛花一年半的時間深入分析度假租屋事業，對這方面有深入的了解，他很樂意見面。

麥卡杜在一排長椅上找到了切斯基、傑比亞和布雷察席克，三人正窩在一台筆電前。麥卡杜開始和他們聊了起來，並問他們知不知道度假租屋事業是產值四百億美元的產業。切斯基回應，他對外介紹 Airbnb 時，從未想過把「度假」和「租屋」這兩個詞放在一起。上次他聽過那種說法是小時候，父母利用暑假時間租房子度假，他說：「我們還沒聯想到那裡。」

那次談話促成了後續的多次會面，三人都很訝異，在連續遭到多位投資人拒絕後，現在創投界最負盛名的公司竟然對他們開始感興趣。麥卡杜確實對他們很感興趣，也佩服他們的理念（為房東和房客打造一個社群），以及他們為了處理信任議題而設計的社群機制。他說，那些概念「遠遠超越了傳統度假租屋事業的思維流程，但我清楚看到，他們解決了一些把房東和房客聚在一起時可能衍生的挑戰。」

約莫同一時間，Airbnb 和優學創投（Youniversity Ventures）洽談，優學是由賈維德・卡林姆（Jawed

Karim）、凱文・哈茲（Kevin Hartz）、啟斯・瑞博儀
（Keith Rabois）共同創立的創投公司。卡林姆是
YouTube 共同創辦人；哈茲是 Xoom 和 Eventbrite 共同
創辦人，如今加入創辦人創投基金（Founders Fund）；
瑞博儀曾在 PayPal、LinkedIn、Square 擔任高階主管，
如今加入科斯拉創投（Khosla Ventures）。他們對
Airbnb 很感興趣，覺得概念前衛，又可以溯及旅館出現
以前的古老年代，古人也是敞開家門歡迎陌生人借宿。
哈茲說：「這幾乎是回歸一種非常古典的做法。」他們也
很喜歡那三位創辦人，「感覺是完美平衡的創業團隊。」

幾週後，Airbnb 收到紅衫的投資條件書，金額是
58 萬 5 千美元。另外，優學也投資 3 萬美元，總計是
61 萬 5 千美元。那些投資意味著 Airbnb 的估值是 240
萬美元。

很難形容那些資金挹注有多麼重要，切斯基說：「紅
杉資助我們的那一刻，火箭隨即啟動升空，我們再也沒
有回頭。」比資金更重要的，是他們終於獲得了認可。
長久以來，他們遭到矽谷眾多投資人的斷然拒絕與忽
視，最後卻得到矽谷最知名創投業者的肯定，那也證明
了他們堅持不懈是正確的選擇。這件事使他們信心大
振，切斯基如今說：「信心絕對是最重要的關鍵。新創

企業的最大敵人，就是自己的信心和決心。長久以來，大家一直潑我們冷水，說這個點子很糟。接著，終於有人告訴我們，這個點子令人耳目一新。」未來仍有許多苦難等著他們，但至少在這個關鍵點，他們已經證明自己，獲得了發展機會。（那筆投資對紅杉來說也很重要，當年投資的 58 萬 5 千美元，如今價值約 45 億美元。）

其他的幾件事情也相繼到位。布雷察席克原本告訴未婚妻伊麗莎白・莫瑞（Elizabeth Morey），他到舊金山受訓三個月後，就會回波士頓，跟她一起展開新生活。他們收到紅衫的投資條件書那天，莫瑞也得知史丹佛大學的帕克兒童醫院（Lucile Packard Children's Hospital）錄取她為住院實習醫生。她即將搬來舊金山，布雷察席克可以放心創業了。

後續幾個月，他們當初在紐約奠定的基礎持續發揮功效。到了 8 月，原本每天二三十筆的訂房交易成長至七十筆，網站上也開始出現一些像樹屋、冰屋、帳篷之類的特色房源。有了紅杉資金的挹注，他們開始支領年薪，每人年薪六萬美元——這筆錢和之前連牛奶都買不起，只能乾吃麥片的日子相比，近乎奢侈。切斯基的父母終於可以稍微放心。

　　他們永遠也忘不了這一路走來有多麼辛苦，2013年布雷察席克告訴 YC 創業學校的後輩：「只要你創業成功了，那就是你這輩子做過最艱難的事。」切斯基說，如今他講 Airbnb 的創業故事已經數百遍了，但曾有一段時間，他覺得自己再也沒機會講述他們的故事。2012年我見到他時，我請他描述一下職業生涯最低迷的時刻，他回答就是創辦 Airbnb。「那是一個令人興奮的過程，如今回想起來，充滿懷舊浪漫的感覺，但當時完全不是如此，而是非常恐怖。」

　　切斯基始終認為，他們的創業概念本身並不瘋狂，他和傑比亞之所以想出那個點子，也沒什麼過人之處。「我們沒有遠見卓識，只是普通人，」他說。「我們只是覺得，一定有人跟我們一樣，有多餘的空間想要出租，賺點錢。」

　　Airbnb 一些早期的顧問說，他們確實有很多特別之處。賽柏說：「大家常講『最小可行的團隊』（minimum viable team），他們三人真的是很出色的團隊。」他也指出，他們對事業極其認真，「很多人講了一口生意經，但真正去做的人寥寥無幾，他們則是真的苦幹實幹。」他說，他們遇到不懂的事情，總是積極地學習。你叫他們去找東西來深入研究，他們都會去找。賽柏說：「他

們沒花很多時間空想，而是直接去做。」

　　幾年後，創投業者威爾森在部落格上發表了一篇業界罕見的自省文，描述當初他對 Airbnb 看走眼的錯誤是怎麼造成的。他寫道：「我們犯了所有投資人都會犯的典型錯誤，太在乎當時他們正在做的東西，不夠關注他們能做、肯做、後來也確實做到的一切。」威爾森的公司現在把一盒歐巴馬圈圈放在會議室裡，每天提醒自己錯失的良機。

| 第 2 章 |

必須成為公司
不只是最小可行團隊

回答什麼是我的商業模式 + 成長動能 + 價值觀

> 「那就像是跳下懸崖，一邊墜落的同時才一邊在組裝飛機一樣。」
>
> ——格雷洛克創投（Greylock Partners）合夥人
> 雷德・霍夫曼（Reid Hoffman）

他們辦到了。Airbnb 差點活不下來，所幸後來撐過了難關，三人可以不用解散，各尋其他出路。他們終於找到市場與顧客，開始成長，事業正式起飛。

套用矽谷的創業術語，Airbnb 達到了所謂的「產品和市場適配」（product/market fit），那是新創企業的聖杯，證實了創業概念確實可行。當新創企業的概念找到好市場（有許多真實的潛在顧客），又創造出可滿足那個市場的產品時，就算達到「產品和市場適配」。一般認為「產品和市場適配」這個詞，是馬克・安德森

（Marc Andreessen）推廣普及的說法。他原本是知名創業家，後來轉型創投，如今更是矽谷許多創業者推崇的大師級人物。數以千計的新創企業都無法達到「產品和市場適配」這個創業的第一個關鍵門檻，做不到，公司就無法存活。所謂「產品和市場適配」，換句話說也就是 Y Combinator 一再強調的：「做出大家想要的東西。」無論是哪種說法，總之，Airbnb 終於在 2009 年 4 月達成這個關鍵目標，他們的「希望火苗」終於變成穩健的收入來源。他們做出了大家想要的產品，而且持續成長：2009 年 8 月，原本每週一千美元的營收已變成一萬美元，每週訂房總金額也達到近十萬美元。

不過，難題也跟著出現，他們現在必須放眼更長遠的未來：他們需要營運計畫、藍圖，與策略；他們也需要員工和企業文化。他們已經有了產品，現在則需要打造出一家公司來**製造**那個產品。

然而，這時整間公司仍然只有他們三人，每週工作七天，每天工作十八個小時，幾乎一切事情都是他們三人攜手完成的。後來，切斯基和紅衫合夥人兼 Airbnb 董事林君叡（Alfred Lin）去史丹佛大學的〈如何創業〉課堂上演講時 [16] 說：「我們簡直就是校長兼撞鐘。」他們在 YC 受訓期間就已經開始思考當下最迫切的需求：

招募第一位工程師。如今這個需求變得更加重要，布雷察席克仍一人包辦所有的技術工作。

　　但他們也同時開始思考他們想打造什麼樣的公司，最後的結論是：找到對的人，對公司長遠的未來有很大的影響，絕不能輕忽。切斯基讀了幾本有關企業文化的書以後，深深覺得他們需要慎選夥伴：「我覺得招募第一位工程師就好像把 DNA 帶進公司一樣。」換句話說，重點不是找人進來開發幾個新功能，順利的話，這個首位員工會帶進數百個跟他或她特質很相像的人，所以一開始找對人非常關鍵。

　　他們列出幾家想效法的企業文化。現在的他們可以透過紅衫資本的人脈，接觸許多以前難以接觸到的對象。麥卡杜變成他們密切接觸的顧問，每週一兩次與他們約在附近的洛可斯餐廳共進早餐。切斯基、傑比亞和布雷察席克在麥卡杜的引薦下，可以接觸到 Zappos、星巴克、Apple、Nike 等公司，他們特別欣賞 Zappos 那種友善又帶點瘋狂的文化。在某次早餐聚會上，他們請麥卡杜介紹他們認識 Zappos 的執行長謝家華。Zappos 是紅衫投資的公司，麥卡杜當然認識謝家華。他走去開車時，迅速發電郵引見雙方，隔天他再打電話給切斯基時，發現三人已經到拉斯維加斯的 Zappos 總部參觀了。

三位創辦人發現，他們欣賞的公司都有強烈的使命感和一套定義明確的「核心價值觀」。所謂核心價值觀，是指一套指引公司內部行為以及對外關係的通則（包括與顧客、股東、利害關係人的關係）。矽谷覺得核心價值觀只是表面上說好聽的，但組織行為專家認為，核心價值觀是幫公司定義人才招募的關鍵。在公司草創時期，核心價值觀對於企業文化的塑造特別有幫助。

　　切斯基、傑比亞和布雷察席克決定在招募員工之前，先定義 Airbnb 的核心價值觀。他們提出十項特質，包括「像奧運選手般勤奮努力」、「有家庭觀念」、「對 Airbnb 充滿熱情」。（2013 年，他們以六個新的核心價值觀取代了前述特質 [17]，2016 年又再次精簡更新。）接著，他們開始招募人才，過程中見了非常多人。經過幾個月的履歷審查及面試後，他們決定招募 Y Combinator 一起受訓的同期同學尼克‧葛蘭迪（Nick Grandy）。葛蘭迪原本創立搜尋導向的新創企業，但後來沒成功。他認同 Airbnb 的產品，看到 Airbnb 的產品真的可行，也有人使用，覺得很有機會大幅成長。經過多次面試後，他在 2009 年夏末加入 Airbnb 擔任工程師，開始在勞斯街公寓的客廳上班。此後，員工的數量慢慢增加，他們

在幾個月內又找來幾位工程師及第一批客服人員。葛蘭迪描述他剛抵達勞許街公寓的感受：「有一種寧靜的專注。我加入時，他們已經做完要達成『產品和市場適配』需要的大量苦工……那時正是急速成長的開端，後來的成長動能相當驚人，像搭雲霄飛車一樣。」

即使以矽谷招募工程人才的標準來看，Airbnb 的面試流程也非常嚴苛。喬·澤德（Joe Zadeh）是加州理工學院的生物工程博士，2010 年 5 月加入 Airbnb，成為第三位工程師，如今擔任產品副總裁。他記得當初的面試過程長達好幾個月，先是兩次電話面試，接著和一號與二號工程師面談，之後才見到布雷察席克。然後，他又和傑比亞及切斯基兩人面談。之後又再去了兩趟，和當時公司雇用的每個人進行一對一面談。澤德說：「我覺得其中有幾位員工應該是暑期實習生，但看不太出來。」總計，他經歷了約十五小時的面試。之後，他們又出了一份程式考題，請他在三個小時內完成。

澤德說，他知道那是一個難得的機會。他喜歡踏入勞許街那棟公寓時，所感受到的能量和興奮感。「那種感覺非常強烈，濃到化不開。」他也說，他和切斯基及傑比亞的面試過程，「可能是我遇過最有趣的面試了」。（他們聊了很多，包括最喜歡的超級英雄）。此外，澤

德說那時候出現了一連串奇妙的巧合，讓他覺得應該加入這家公司。面試前幾週，幾位朋友發簡訊給他，說他們用了一個新服務叫 Airbnb，他才知道有這家公司。幾天後，他到矽谷另一家公司面試。面試結束後，負責開車載他去加州火車站的員工一路誇讚 Airbnb 有多好用。當晚他回家後，連上 Airbnb.com，他第一個看到的物件就是美國知名建築師法蘭克・洛伊・萊特（Frank Lloyd Wright）位於威斯康辛州的一棟房子，租一晚三百美元。澤德讀研究所時，住在洛杉磯，對建築和萊特都很感興趣。沒想到最近一直聽到的這家奇怪公司，竟然提供大家入住萊特房子的機會。隔天，他偶然發現布雷察席克在《黑客新聞》（Hacker News）上刊登的徵才廣告，便寫信去應徵。澤德說：「基本上，當時就好像有個霓虹燈招牌一直對我閃著：『你一定要加入這家公司。』」

到了 2010 年夏天，Airbnb 約有二十五人在勞許街公寓上班。以前的臥室已經變成會議室，創辦人喜歡到樓梯間、浴室、屋頂上面試新人。切斯基為了騰出更多空間給大家，也為了親身體驗自家產品，不再住在勞許街公寓，而是上 Airbnb 租屋，就這樣過了一年。

成長駭客

這段期間，Airbnb 的用戶愈來愈多，但大致上仍鮮為人知，提升知名度依然是大挑戰，創辦人仍想盡一切辦法創造業務成長。許多新刊登的房源和用戶是來自公關宣傳及用戶口碑；此外，傑比亞和切斯基也會把握各種大型會議召開的時機，去當地舉辦活動、房東見面會以及展開游擊行銷策略，開拓新市場。

不過，他們還有布雷察席克這個秘密武器。他巧妙地運用新工具和技術，展開「成長駭客」（growth hack）策略。例如，他寫程式連上 Google AdWords 的廣告服務，讓 Airbnb 可以更有效率地鎖定特定城市的潛在用戶。他也開發出一種非常聰明的工具，可以在 Craigslist 開後門。2009 年，Craigslist 是少數規模龐大的網站，用戶有上千萬人，但行銷人員和聰明的創業者想利用 Craigslist 的資源卻非常容易。布雷察席克開發出一種一鍵式整合工具，讓 Airbnb 用戶只要在收到的電郵中按一個鍵，系統就會馬上幫他複製 Airbnb 上的房源到 Craigslist 上刊登，讓 Craigslist 的眾多用戶都可以看到他的房源，但那個工具會把實際的訂房拉回 Airbnb 網站進行。許多工程界的人士對於 Airbnb 發明這個妙招

都深感佩服，說那是「卓越的整合」，尤其 Craigslist 又沒有公開的應用程式介面（API）。布雷察席克說：「那確實是沒人做過的事，但我們有技術，所以能辦到。」他們利用 Craigslist 的方式也招來一些批評。有一段時間，他們雇用約聘員工設定自動化電郵，鎖定在 Craigslist 上刊登租屋資訊的用戶，邀請他們到 Airbnb 試用新平台。Airbnb 指出，當時利用 Craigslist 吸引用戶是常見的做法，但他們不知道約聘員工是用大量發送垃圾郵件的方式去接觸潛在顧客。那樣做並沒有實質成效，他們一發現就馬上停止那種做法。當然，2008 年召開西南偏南大會時，他們也是到 Craigslist 上去說服第一個房東黎進勇到 AirBed & Breakfast 刊登租屋資訊。

不過，隨著時間經過，當成長動能逐漸轉強時，就愈來愈不需要使用這類成長駭客技術。布雷察席克稱這些技術是「自由成長的方式」，效果也不容小覷，當初要是沒用那些方法，Airbnb 可能不會出現爆炸成長。

所以，Airbnb 究竟是如何運作的？它的商業模式很像 eBay，是撮合買家和賣家，並抽取佣金（所謂的「服務費」，他們在網站上描述那筆費用是「針對每筆訂房收取的費用，以幫助 Airbnb 順利運作，為顧客提供全天候無休的服務」）。服務費就是 Aibnb 的營收，他們對

房客的收費從 6% 到 12% 不等，住宿費愈高，收費比率愈低。房東則是支付 3% 的訂房費，以支應轉帳成本。

　　所以，如果房客訂了每晚 100 美元的房間，服務費是 12%，總計房客支付 112 美元（這不含其他的費用，例如房東追加的清潔費）。Airbnb 從這筆交易中獲得 12 美元，再加上房東支付的 3 美元（所以房東實際的收入是 97 美元）。Airbnb 在房客訂房時就向房客收費，並暫時保管那筆錢。等房客住房二十四小時，確定一切如房客預期後，才把房東應得的款項轉給房東。房東可以透過直接匯款、PayPal、記帳卡等方式收到租屋收入（最近，用戶也可以選擇以郵寄支票的傳統方式收款。）

　　Airbnb 是一個雙邊市場，一邊是旅客和潛在旅客，另一邊是出租住家的房東。但兩邊並不平衡，旅客數量（需求面）本來就龐大許多，也比較容易擴張規模，只要讓他們對平價、有趣的地方產生興趣就好了。相反的，要找到願意敞開家門出租的人並不容易。《共享經濟》作者桑達拉拉揚指出：「這是我看到最難推動的供給模式。」所以撰寫本書之際，Airbnb 雖有上億房客，房源僅有三百萬個，而且並非每個房源每天都可租用。每次 Airbnb 進入一個新市場時，就必須想辦法促進供需兩邊的成長，但供給面（房東數）難免較難提升。這

也是為什麼 Airbnb 的收費結構幾乎都是依賴房客端，他們向房東收的 3％只用來支應匯款成本。而且，Airbnb 不僅在費用上優惠房東，還提供免費專業攝影服務以及其他多種服務，例如寄送免費馬克杯、在網站上刊登分享房東的故事，或是出錢讓某些房東參加不定期舉辦的活動和年度大會。

Airbnb 的業務基本上就是在利用網絡效應：愈多人上 Airbnb 刊登房源，選擇就愈多，對旅客就愈有吸引力；愈多人旅客用 Airbnb 旅遊，就有愈多人想上 Airbnb 刊登房源。以 Airbnb 的情況來說，由於產品和旅遊有關，使用它的產品必須從甲地移動到乙地，迅速又平價的異地交流促成了全球性的網絡效應：法國旅客到紐約使用 Airbnb 後，回到法國時，更有可能考慮當房東，或是跟朋友提起 Airbnb，幫 Airbnb 提高知名度，使他所在的當地市場有更多人想要刊登房源。甲地和乙地往往相隔很遠，但新市場很快就播下未來的種子，而且成本低廉，不需要 Airbnb 的員工或團隊到當地宣傳。所以 Airbnb 和 Uber 之間有很大的差別，Uber 打算進入新市場時，必須實際進入該市場，大舉投資行銷、員工和其他資源。但 Airbnb 的成長（無論是客源或房源）大多是來自旅遊模式和全球網絡效應。

你可以用幾種方式來看 Airbnb 的大小和規模。最簡單的看法，是看它成立以來累積的 1.4 億「入住人數」。三百萬房源（其中 80％ 在北美以外的地區）使 Airbnb 成為全球最大的住宿供應商，比任何連鎖旅館業者還大。萬豪國際（Marriott International）收購喜達屋（Starwood）後，成為擁有最多住房空間的旅館業者，共有一百一十萬間客房。但 Airbnb 和旅館不一樣，它的房源數量每天都在變動，大型活動即將舉辦時，房源就會增加，每天晚上都有很多閒置的空房，就看房東的時間表及出租偏好而定。所以房源數量和住房率或交易量無關，但可以顯示其廣度和規模。Airbnb 在 191 個國家（除了伊朗、敘利亞、北韓以外）、三萬四千個城市營運（編註：根據 2018 年 2 月 Airbnb 網站數字，營運範圍已增加到六萬五千個城市）。Airbnb 最受投資者青睞的兩個特質就是其營運效率與成長，由於可以低成本擴張，據估計八年來耗資不到三億美元。相較之下，同屬分享經濟新創的 Uber，據傳 2016 年上半年已虧損 12 億美元[18]。而且，成立八年來，Airbnb 仍像雜草生長般迅速成長。撰寫本書時，Airbnb 每週增加 140 萬名用戶，而且上述的 1.4 億「入住人數」預計在 2017 年初成長至 1.6 億。投資人預期 2016 年 Airbnb 的營收將達到 16 億美元，淨

現金流開始由負轉正。

賈伯斯的三次原則

大家對 Airbnb 常感到不解的一個問題是，為什麼已經有那麼多類似的網站，例如 Couchsurfing.com、Home Away.com、VRBO.com，甚至 Craigslist 本身也有這個功能，Airbnb 還能做起來，而且成長迅速？為什麼 Airbnb 可以成功掀起短期租屋的風潮，其他業者卻辦不到？

許多原因都歸功於產品本身。「產品」在科技界是一個包羅萬象的模糊詞彙，涵蓋了「概念」之後發生的一切，包括實際的網站或 app、外觀、運作模式、功能、工程設計，以及使用及互動模式，亦即用戶體驗。Airbnb 的第一個產品，就只是一個奇怪的想法和 WordPress 網站，但他們為丹佛 DNC 大會第三次推出網站時，三人的視野已更加拓展，從一個為熱門大會提供住宿的簡單平台，變成一個「訂民宿跟訂旅館一樣簡單」的網站。但是打從一開始，切斯基和傑比亞就非常重視網站和用戶體驗等細節，尤其網站必須流暢無阻，簡單好用。房源看起來要賞心悅目，而且根據賈伯斯強

調的「三次點擊原則」，他們希望用戶訂房時不需要點擊超過二次按鍵。切斯基和傑比亞都非常推崇賈伯斯的設計理念，賈伯斯當初構思 iPod 時，希望用戶只要點擊不超過三次就能聽到想聽的歌曲。

　　事實上，切斯基和傑比亞是 RISD 畢業的設計師、缺乏工程背景這件事，在他們剛開始向投資人募資時，被很多投資人視為致命風險，最後反而成為他們的一大資產。對他們來說，設計不只是特定物件或網站，也攸關從產品、介面到體驗所有運作的流暢度。後來，這種做法也延伸套用到 Airbnb 營運的每個面向，包括他們打造文化、設計辦公室、制定組織架構、舉行董事會的方式。不過，在草創初期，那樣的設計特質主要是顯現在網站外觀、簡潔性，以及整體體驗上。套用科技界的術語，那是他們「優化」的重點。

　　重視設計，再加上交易的內容是住宿和旅行，讓有些人覺得 Airbnb 好像不是科技公司，但平台從一開始就面臨極大的技術挑戰。網站需要處理的重要項目很多，包括付款、客服、評價等等，每一項都是重大的工程挑戰，都需要時間建構和改進，而且創業之初有很長一段時間，都是由布雷察席克包辦所有的工程。

　　其中最複雜的部分是付款功能。為了達到「訂房跟

訂旅館一樣簡單」的目標，他們需要打造一套流暢先進的線上付款機制，而且跟旅館不同的是，他們不只需要處理收到的款項，還要把款項的 97% 匯給不同的房東。為 DNC 大會推出網站以前，布雷察席克採用 Amazon 新推出的雲端付款服務來建構這套機制。那套雲端付款服務可以讓 Airbnb 向一人收錢，再把錢轉匯給另一人，又不需要承擔類似銀行中介的責任。當時 Amazon 雲端服務才剛推出不久，所以資訊工程領域沒有很多的使用紀錄可供參考，布雷察席克花了一個月才搞定系統。

但他為切斯基和傑比亞展示那套系統時，他們都覺得用戶體驗太差了：付款步驟太多，而且 Amazon 的品牌感太過強烈。於是，他們淘汰那套設計，決定承擔起中介者的角色，負責收錢、代管及轉匯的全套流程。但那就表示會面臨交易難免會出現的麻煩，例如，萬一交易涉及詐騙、延遲或爭議，他們必須負責退款及補償顧客。當初就是因為不想惹麻煩而避開這種方式，但他們現在覺得，這對用戶來說是最簡單、最流暢的體驗，所以他們必須想辦法落實這套方法。布雷察席克趕在 DNC 大會前，改用 PayPal 機制取代 Amazon 雲端付款，後來他確實打造出一套全包的付款系統，可以處理全球市場和各種匯兌的複雜性，而且一天可匯款給個別房東數萬

次。Airbnb 的付款系統後來不斷精進，雖然用戶幾乎感受不到其先進程度，但資訊工程界的圈內人都覺得是一大創舉。

由於 Airbnb 是撮合陌生人睡在別人家裡，完善的客服機制非常重要。如今 Airbnb 的客服團隊（現在改稱「客戶體驗」）是員工人數最多的團隊，但在 2009 年以前，都是傑比亞一個人以手機處理所有的客戶來電。所以，布雷察席克的待辦清單上，有一項是在網站上打造充足的全天候客服平台，那將成為每晚入住民宿的房客所接觸的「前台服務」（front desk）。

另一項挑戰就是搜尋，或者說是打造一套配對搜尋住宿的旅客和提供住宿的房東的機制。表面上看來，那可能只是幫旅客在指定日期於某個城市裡找到可租用的空房而已，但是從以前到現在，完美配對旅客和房源一直是很複雜的流程。每個房源都是獨一無二的，不僅外觀、感覺、地點和價格不同，可用的時間、房東是誰、房東的規矩和偏好也不同。一個人覺得很好的東西，另一個人可能難以忍受。這是一種極其個人化的雙向配對問題。創辦人知道，為了讓網站成功，他們提供的產品不僅必須是房客和房東都很喜歡，還要喜歡到讓他們願意推薦給朋友。

在 Airbnb 草創時期，搜尋功能很直截了當：直接列出特定地理區內符合基本條件（房客數、日期、設施）的房源，供顧客挑選。後來 Airbnb 的演算法愈來愈先進，可以納入品質、房東行為模式、訂房偏好等因素。例如，Airbnb 可以從用戶過去的行為判斷，有些房東比較喜歡提前幾個月的訂房，有些房東覺得提前十一個小時訂房就可以了。他們盡全力配對臨時有住宿需求的房客以及願意接受臨時訂房的房東，以降低房客想訂房卻被拒絕的機率。

隨著時間經過，Airbnb 的搜尋和配對功能日益精進。如今 Airbnb 有四百位工程師和一套機器學習引擎，他們正逐漸達到 Airbnb 的終極目標：從某天、某地（例如巴黎）的數萬個房源中，為每個用戶迅速擷取出他可能最喜歡的五、六個房源選項。

2010 年和 2011 年整整兩年，Airbnb 持續更新產品，推出新功能，例如願望清單（讓用戶打造類似 Pinterest 那樣的收藏，收集嚮往的住宿選項，也可以瀏覽名人的清單）；用戶可以串連 Airbnb 帳戶和 Facebook 帳戶。Airbnb 也發現，有專業攝影的房源創造的訂房數，是市場平均訂房數的兩至三倍。所以，2011 年底，他們把專業攝影服務從每月一千件提升至五千件，大舉

提升了訂房數量[19]。

雲端運算成為升級優勢

　　Airbnb 之所以能迅速擴充這些功能，一大原因是拜雲端運算所賜。自從雲端運算出現以後，公司不需再擁有及建置資源密集又昂貴的伺服器、儲存和資料中心，可以把線上基礎架構全部放上雲端，向雲端供應商承租功能和工具就好了。基本上就是把運算能力全部外包出去。Airbnb 把那些功能都轉移到 Amazon 網路服務，這間 Amazon 的子公司逐漸成長，如今已稱霸第三方雲端運算市場。如此一來，Airbnb 的工程團隊再也不需要花時間或精力去維護複雜的線上基礎設施，只要專心打造穩健的網站，並解決與核心事業有關的問題。如果公司早一點成立，可能就無法享有這個優勢了。

　　不過，儘管 Airbnb 享有這些創新的效益，當時這些工具才問世不久，運作起來不像現在那麼平順。每天光是維持網站的穩定運作，有時就忙到焦頭爛額，因為小故障偶爾會出現，布雷察席克說：「各種狀況隨時都有可能發生。」公司剛成立的十八個月，甚至是後來，布雷察席克的一大任務就是維持平台的正常運作。他還

為此設定手機，每次網站掛點，手機就會馬上傳訊通知他：「氣墊床漏氣了（Airbeds deflate）！」網站恢復上線時，手機也會傳訊通知他：「氣墊充飽（Airbeds fluffed）！」他說：「我幾乎每兩天就會接到一次警訊，通常是半夜的時候。」

這些後台的先進設計都促成了公司的成長，自從獲得紅杉的首輪資金後，Airbnb 的最大挑戰不再是創造成長，而是跟上成長動能。TechCrunch 的報導指出，2010年 Airbnb 的訂房數大幅成長了八倍[20]。到了 2010 年 11月，Airbnb 的訂房數已達七十萬次，其中 80％是發生在最近六個月內。這時 Airbnb 已搬遷到舊金山第十街的新總部。

霍夫曼看見線上市集新典範

之前忽視 Airbnb 的知名投資人，如今也開始對它產生興趣。2010 年春季，創辦人終於約到他們一直想接觸的投資人：LinkedIn 共同創辦人及格雷洛克創投公司的合夥人雷德・霍夫曼。霍夫曼之前聽過其他人以「Couchsurfing 模式」來描述 Airbnb，所以他對 Airbnb 並不感興趣。「第一個跟我推銷 Airbnb 的人，把他們的

事業描述得很糟，」他又補充說，那個資訊來源「對這種事業有點遲鈍」。後來 Yelp 共同創辦人及 Airbnb 的早期投資者傑若米・史托普曼（Jeremy Stoppelman）告訴霍夫曼，Airbnb 是很有意思的概念，勸他真的要見一下創辦人。

十天後，Airbnb 的創辦人開車到位於門洛公園（Menlo Park）沙丘路（Sand Hill Road）上的格雷洛克創投公司，拜訪霍夫曼。格雷洛克可說是創投界的麥加聖地，霍夫曼聽他們講沒幾分鐘，就知道那根本不是 Couchsurfing 模式，而是類似 eBay 的空間交易版本，規模遠比之前所想的還大，也更具原創性。霍夫曼聽到一半就先打住他們，告訴他們沒必要再繼續推銷了：「我說：『好了，我一定會投資，我還是會讓你們講完，但我們把這次當成是實際合作的討論，我們直接來談這個事業有哪些挑戰，該怎麼改進。』」11 月，Airbnb 宣布完成首輪集資：總計 720 萬美元，以格雷洛克公司為首。霍夫曼說，他從之前錯過 Airbnb 的投資，學到一個教訓：聽到不懂的人把一個新事業描述得很糟時，別以為那就是真相，他說：「等聽到可靠的推銷，再做判斷。」

霍夫曼最欣賞的不只是 Airbnb 的概念，還有創辦人展現出的大膽無畏與快速行動特質。霍夫曼指出，這

些是開創線上市集的創業者特別需要的技巧。「不同類型的事業，需要有不同優點的創辦人。線上市集的創辦人有個強項，那就是願意打破陳規，跳脫慣性思考，靈活應變。」霍夫曼說，Airbnb 的創辦人當初為了創業已經做的事——眼前看似小事，卻讓日後能擴張規模——就是市集創辦者的典型作法。「如果換成一家網路或遊戲公司，那可能就不是那麼重要了。但是創辦市集時，那是關鍵所在，他們的創業過程中就有那個特質。」例如支付房租的挑戰、利用歐巴馬圈圈麥片籌資、想盡辦法撐下去等等，霍夫曼說：「那是我馬上說『我要立刻投資』的原因。」

　　兩個月後，Airbnb 宣布訂房次數突破一百萬。緊接著，四個月後，那個數字又再翻倍，達到兩百萬次，但這還不是最令人振奮的消息。科技圈開始盛傳他們即將獲得大量的資金挹注，傳了幾個月後，2011 年 7 月中，Airbnb 證實新一輪的集資到位，總金額是 1.12 億美元，以安德森霍羅威茨公司（Andreessen Horowitz）為首。安德森霍羅威茨之前決定不投資，但後來態度一百八十度轉變。這一輪集資也包括 DST 全球（DST Global）和通用催化投資（General Catalyst Partners）等重要投資者。這次集資使 Airbnb 的估值一舉增至 12 億美元，正

式晉升為「獨角獸」（意指價值至少 10 億美元的非上市公司，不過「獨角獸」一詞是在那兩年後才創造出來的）。科技新聞網站 AllThingsD 說，他們的集資力非常驚人，尤其首輪集資的總額才 780 萬美元而已[21]。

這次集資不僅證明 Airbnb 已成長到相當的規模，更顯示許多人認為它還有潛力再大幅成長。由於集資的規模龐大，再加上投資者個個來頭不小，新聞一公布後，立刻震撼整個矽谷，也在投資界掀起了明顯的恐慌，人人都擔心錯過下一個大好點子。TechCrunch 寫道：「Airbnb 已成為新創界黑馬。」在 2011 年 5 月的訪問影片中，切斯基驚嘆公司至今尚未發生房客安全問題，當時在 TechCrunch 任職的記者萊西指出[22]：「所以，沒人被捕、沒有謀殺案、沒有性侵之類的事情發生，你們還沒碰過 Craigslist 遇過的那些事情。」切斯基不禁自豪地說：「我們的訂房數突破一百六十萬次，沒有人受傷，也沒有人通報什麼大問題。」萊西追問：「但是這種事情遲早會發生吧？」切斯基說：「我開車的經驗很短，但我已經出過三次車禍。所以我覺得我們的服務比開車還安全，我也不知道為什麼。」那個說法似乎在挑釁命運，為後來發生的事情埋下了伏筆。

三位創辦人克服了眾人難以想像的困難，終於站穩

了腳步。完全沒有人相信他們，他們拿著熱熔膠槍、包裝麥片、面對冷漠的投資人，度過無數心驚膽跳的夜晚，還要面對焦慮不安的父母。一路走來，他們克服了重重磨難。如今公司終於打進大聯盟，而他們三人也即將面臨大聯盟等級的問題。

海外山寨版的威脅

在第一次網路熱潮期間，德國的桑莫三兄弟（Marc, Alexander, and Oliver Samwer）開始靠抄襲美國科技業的新點子，在海外成立山寨事業獲利。他們在柏林開設創投公司，投資那些模仿 eBay、Zappos、Amazon 的公司。2007 年，他們又創立火箭網路公司（Rocket Internet），以同樣的抄襲策略來模仿網路新創企業，他們的套路始終如一：趁美國的新創企業鎖定美國國內市場的開發、沒有心力和資金到海外擴張時，早早就在歐洲架設類似的網站，灑大錢讓它迅速壯大，主宰歐洲市場。接著，再把那家公司賣給美國企業，逼美國企業以高價買回自己的原創概念。

2010 年，桑莫三兄弟鎖定 Groupon，得到極高的獲利——Groupon 最後以 1.7 億美元買下他們的山寨事業。

2011 年，他們把焦點轉向 Airbnb，成立 Wimdu 及中國子公司愛日租（Airizu），募集了几千萬美元，幾個月內就雇用了四百位員工，開了十幾個辦事處，號稱有上萬個房源 [23]。Airbnb 表示，他們開始從歐洲平台的會員聽到 Wimdu 積極搶客的手段，包括從 Airbnb 搶走歐洲的房源，鼓勵房東轉到 Wimdu 刊登。紅杉資本的林君叡表示：「那根本是全面開戰。」Airbnb 剛得知消息時，發了一封郵件通知整個社群，提醒用戶不要跟「詐騙集團」打交道。

當時只有四十名員工的 Airbnb 處於嚴重劣勢。他們知道 Airbnb 要掌握歐洲市場，而且速度要快。Airbnb 若是無法遍及全球，尤其少了歐洲市場的話，就稱不上是旅遊公司了。霍夫曼在史丹佛開設了一門課，名叫〈科技促成的閃電擴張〉[24]，切斯基後來去課堂上接受霍夫曼的訪問時提到：「那就像無法收訊的手機一樣，毫無存在的意義。」不出所料，桑莫兄弟很快就向 Airbnb 提出出售 Wimdu 的提案，那個提案促使 Airbnb 開始深刻自省。切斯基說，當時他們已經認識很多矽谷的大師，可以向他們請益。他問遍了那些大前輩，包括祖克柏、Groupon 創辦人安德魯·梅森（Andrew Mason）、葛蘭、霍夫曼，但每個人的看法都不一樣。梅森剛經歷

過同樣的狀況，他告訴切斯基，Wimdu 可能會扼殺 Airbnb。祖克柏則是建議他不要收購 Wimdu，因為擁有最好產品的公司才是贏家。最後，切斯基是聽取葛蘭的建議。葛蘭告訴他，Airbnb 和 Wimdu 的差別在於，Airbnb 的創辦人像傳教士，Wimdu 的創辦人像傭兵，傳教士和傭兵對抗時，通常是傳教士勝出。

Airbnb 因此決定不收購 Wimdu（切斯基後來說，那是「把整家公司的命運都賭下去」），主要考量就像葛蘭說的：切斯基不想吸收四百名新員工，他覺得那些都是傭兵，Airbnb 對他們的雇用毫無決定權。他們認為，既然桑莫兄弟可能無意長期經營那家公司（因為他們的商業模式是靠出售公司獲利，而不是經營公司），最好的報復方式就是逼他們實際去經營自己打造出來的龐大企業，他說：「你自己生的孩子，現在你自己負責把它養大，你賴不掉了。」

對公司的價值觀和文化來說，回絕桑莫兄弟的提案可能是正確的決定，但回絕後，重新掌握歐洲市場的壓力也接踵而來。Airbnb 立即收購了另一家德國公司 Accoleo（也是模仿者，但不是勒索者），開始迅速招募及培訓各國總經理，並指派他們開闢及擴張各國市場。接下來的三個月，Airbnb 在十個國家開設了辦事處，並

招募數百位海外人力。同一時間，Wimdu 仍在營運，並號稱有上千萬筆的訂房數。

　　整體來說，這是一場驚險的考驗，讓他們學到重要的一課。不過，以危機大小來說，這起事件和幾週後發生的另一起事件相比，簡直是小巫見大巫。

首次安全危機

　　多年來，投資者之所以對 Airbnb 猶豫不決，一大原因在於安全問題。許多人認為，敞開自家大門讓陌生人進駐，根本是超級愚蠢，自找麻煩。但是打從一開始，Airbnb 的創辦人就堅稱他們設計的工具可以防範安全問題，包括房客和房東的個人檔案與照片，外加完善的雙向評價與信譽系統。2011 年，由於創業至今尚未發生過大問題，他們確信自己做的一切都是對的。

　　2011 年 6 月 29 日，據報導，一位名叫 EJ 的女性在部落客上發文控訴，那個月她家遭到 Airbnb 房客的惡意破壞，不只是破壞而已，而是徹底搗毀。房客毀壞了 EJ 的一切家當，把整個公寓搞得天翻地覆，凌亂不堪。他們破壞上鎖的櫃子，偷走相機、iPod、電腦、祖母的珠寶、她的出生證明和社會安全卡。房客還翻找到優惠

券，上網購物。EJ 的東西被丟進壁爐裡焚燒，沒打開煙囪，導致家裡蒙上一層灰燼。他們把枕頭的標籤剪掉，把漂白粉灑在家具、流理台、書桌、印表機上。她的衣物和毛巾都潮濕地堆在衣櫃底下發黴。浴室的浴缸卡了一層「發硬的黃色東西」。在此同時，該房客（Airbnb 的帳號是 Dj Pattrson）還發了一封措辭友善的電郵給 EJ，說他多愛那間「沐浴在陽光下的漂亮公寓」，尤其是樓上的「小閣樓區」。

這是極端的可怕案例，超乎任何人的想像。受害者的自述令人更加同情其不幸遭遇：她是個努力討生活的自由工作者，在部落格上，她以動人的筆觸描述她如何把家裡打造成「私人小天地，少數不出外的日子，我喜歡窩在採光明亮的舒適閣樓」，那裡反映了「純屬我個人的居家生活，一個平靜安全的地方」。她也寫到當初為什麼決定出租住家：「出遠門時，放著如此完美的公寓空無一人，似乎很可惜，畢竟舊金山有那麼多旅客需要地方住，他們也想以我偏愛的方式體驗這個城市：住在當地居民的家中，離開旅館所在的旅遊圈。」她不是第一次出租公寓，以前住紐約時，她用 Craigslist 出租公寓好幾次了，而且「結果都很滿意」。最近她也試過以旅客的身分上 Airbnb 租屋，她很喜歡那次體驗。總

之，如果 Airbnb 想勾勒出典型用戶的模樣，一個充分體現出 Airbnb 價值觀的用戶，他們找不到比 EJ 更合適的人選了。

　　EJ 在部落格發文時，她的敘述對 Airbnb 的角色極其客觀冷靜，甚至不願一口咬定都是 Airbnb 的錯。「我確實相信 Airbnb 的用戶可能有 97％是誠實的好人，」她寫道：「不幸的是，我偏偏遇到另外的 3％。我想，一定會有旅客遇到那 3％，而且不會只有我。」但她想質問的是，她付錢給 Airbnb，究竟得到了什麼。透過 Craigslist 出租房子不必付費，網站還會一再提醒她，她用網站出租房子是自己承擔風險，也鼓勵她與潛在的房客溝通。相反的，Airbnb 嚴格限制個人聯絡資訊的交流，要等房客訂房付費後，才肯透露資訊。她寫道，那表示 Airbnb 已經幫她做了審查，那也是她付費的用處，但沒想到系統根本沒有那個功能。EJ 寫道，肇事者偷走了一些她再也無法挽回或替換的東西——她的「心力」。她寫道她住進朋友家，驚慌失措，六神無主，下午常去當鋪尋找她被竊取的東西。

　　EJ 寫信到 Airbnb 的緊急聯絡電郵：urgent@airbnb，但直到隔天才接到回應，而且還是透過一位曾為 Airbnb 工作的朋友居中聯繫，才終於取得回應。客服部得知她

的狀況後，馬上積極處理，也對她深表同情，所以 EJ 在第一篇文章中寫道：「我不得不強調一點，Airbnb 的客服團隊相當稱職，他們全力關注這起犯罪事件，常來電表達關懷與支持，也真心關注我的狀況。他們主動表示願意彌補我在情緒與財務上的損失，並與舊金山的警方合作，追查那些罪犯。」

那篇文章剛發布時，有近一個月的時間，並未引發太多關注。但《黑客新聞》後來報導了那起事件，突然使整件事受到大量關注。Airbnb 內部開始陷入恐慌，他們以前從未遇過這種危機，所以沒做過準備。後續幾週，切斯基、傑比亞和布雷察席克組成的管理團隊，以及公司整個客服部門（包括十幾位遠從其他地方飛來總部的人員），幾乎全天候待在公司處理危機（他們自己帶氣墊床到公司，但沒有人有閒工夫笑一下這個舉動的諷刺感）。創辦人也向顧問團隊請益，最新加入投資的安德森霍羅威茨公司一度把顧問團分成兩班制，由普通合夥人兼 Airbnb 的新任董事傑夫・喬登（Jeff Jordan）帶領早班，安德森接手晚班。那時 Airbnb 才剛宣布獲得鉅額資金，所以很多人覺得是集資消息引起關注，導致 EJ 的故事曝光，迅速發酵。

　然而，該如何處理危機，每個人都有不同看法。有

些人認為承擔責任只會廣開投訴的大門，引來更多申訴；有些人說公司應該坦承失職；還有一些人說公司應該沉潛，保持緘默。

7月27日，切斯基發布公司首次的公開回應。他在聲明中向整個社群保證，有人已經遭到羈押；安全是Airbnb最重視的優先要務；Airbnb已和EJ及有關當局保持密切聯繫，以「導正錯誤」。他也列出公司即將施行的一些安全改進措施。

但那封公開信發表後，反而導致情況更加惡化。

EJ在部落格上又發表一篇文章，反駁切斯基的說法。她說客服團隊原本很積極地協助她，但她公開寫出那起事件後，客服團隊突然消失了。她也說，一位共同創辦人（但不是切斯基）不久之後打電話給她，說他們知道遭到羈押的人是誰，但不能對她透露資訊。她說這位共同創辦人（其實是布雷察席克）表示，他擔心她的部落格文章可能產生負面影響，請她撤文。她說Airbnb不僅沒確保她的安全，也沒有賠償她費用。她在那篇文章的最後建議，任何想要提供協助的人，應該把錢省下來，留著下次旅行時訂真正的旅館。在此同時，另一位Airbnb的用戶也提起他遇到同樣可怕的遭遇，他說幾個月前他的公寓也被吸毒房客毀損。

直面問題、迅速回應、再加一個零

　　情況急轉直下。即使切斯基可以向最好的顧問請益，但他得到的建議大多相互矛盾。幾乎每個人都把焦點放在這件事對公司的衝擊上，擔心做了或說了什麼，可能會導致情勢更加惡化。顧問們告訴切斯基，別再打擾 EJ 了，她說她想獨自一人靜一靜，不受干擾。律師也勸他，講話要特別小心。但審慎小心及保持緘默正是導致情況惡化的原因。後來，切斯基終於意識到他不能再聽那些顧問的建議了。他說：「我一度陷入非常黑暗的狀態，我不是不管了，而是優先要務完全變了。」他意識到，他需要停止一心想要管控結果的念頭，他應該根據自己和公司的價值觀來處理一切。他覺得他需要道歉，而且是鄭重地道歉。

　　8 月 1 日星期一，切斯基發表一封措辭沉痛的公開信。他寫道：「我們真的搞砸了，上週稍早，我寫了一封公開信試圖解釋整起事件，但那封信並未反映出我的真實感受，所以請大家重新聽我說。」他表示，公司處理危機的方式失當，也提到始終堅持價值觀的重要。他說，Airbnb 讓 EJ 失望了，他們應該更快回應、更加體貼關懷、行動更加果斷。他宣布，房東受到任何傷害

時，皆可獲得五萬美元的保證賠償，而且溯及既往。幾個月後，Airbnb 又再把保證金提高到一百萬美元。他也宣布公司設立二十四小時客服熱線（那是 EJ 說他們早就應該設立的機制），客服支援也會加倍。

上述一切反應都和切斯基得到的建議背道而馳，他說：「那時大家都說：『我們需要先討論，需要先做測試。』我說：『不，我們現在就得做。』」他唯一聽取的是安德森的意見，安德森半夜仔細讀過那封信後，告訴切斯基把他的電郵信箱附在道歉信上，並在保證金後面再加上一個零，把五千美元改成五萬美元。舊金山警局後來證實逮捕了嫌犯。Airbnb 表示這件案子後來是和解收場，但拒絕發表更多的評論。

切斯基從這次經驗中記取的最大教訓是：不要根據共識做決定。他說：「在危機當下，取得共識的決定往往是折衷方案，而那通常是最糟的決定。危機時刻，你必須選擇靠左或靠右，不能走在中間。」從此以後，他們以「加個零」來暗指把思維提升到更高的層次。切斯基後來說，那次經驗也代表公司的「重生」。

切斯基說，那些挑戰就像你毫無預警地挨了一棍。「就好像你走在路上，突然有人朝你的臉揮了一拳，你根本沒料到會發生那種事。」他在史丹佛受訪時如此告

訴霍夫曼。

　　至於 Airbnb 的重生計畫，創辦人為此雇用了幾位重要人才。EJ 事件讓他們學到，他們需要一位溝通專家。他們找上民主黨老將金・魯比（Kim Rubey），魯比離開政壇後，先後轉往 eBay 和 Yahoo 任職。她有豐富的危機處理、面對消費者，以及政府部門的經驗，似乎是很適合的經驗組合。她與三位創辦人面試後，規劃了一套一百天計畫。她上任後，創辦人才告訴她，未來幾週他們會到歐洲開闢十個新市場，她說：「那感覺像是：『哦，對了，我們忘了告訴妳……』。」

　　切斯基也雇用以前在 Yahoo 擔任副法務長的貝琳達・強森（Belinda Johnson）來擔負重任。強森原本在 Broadcast.com 擔任法務長，在網際網路剛出現時協助公司處理無線串流、版權侵犯、隱私等問題。後來 Yahoo 收購 Broadcast.com，她加入 Yahoo 擔任副法務長。她離開 Yahoo 後，希望找一個面對消費者、仍處於發展初期的事業，繼續發揮所長，她關注 Airbnb 的消息很久了。強森說：「那些新聞令我相當感興趣。」2011 年秋季，她開始在 Airbnb 位於舊金山羅德島街（Rhode Island Street）的新總部上班。

求生 vs. 救火

　　Airbnb 的三位創辦人已經開始拓展事業規模，但是把公司的估值推向十億美元的過程中，他們也學到一些重要的教訓。之前，切斯基、傑比亞和布雷察席克在拼命把事業做起來的時候，他們只求存活下來。切斯基後來說：「在達到『產品和市場適配』之前，根本不可能抱持著長遠的思維。事業奄奄一息時，你不會去想：『將來事業要拓展成什麼樣子？』你只會想：『怎麼活過今天？』」[25]

　　如今回顧過往，那段乾吃麥片的日子單純多了。現在他們不僅要處理危機，還要對抗競爭者，攸關成敗的決策往往瞬間就出現在眼前。現在大家開始思考長遠的目標，但依然要處理每分每秒的決策，因為他們還來不及打好簡單的基礎。

　　誠如霍夫曼對切斯基說的：「那就像跳下懸崖，一邊墜落的同時，才一邊在組裝飛機一樣。」創辦人必須在短時間內招募許多人手（2011 年底，Airbnb 總部約有一百五十人，海外也有一百五十人），還要思考管理究竟是怎麼回事。他們必須設計及打造一套文化，也需要藍圖，而且不只是明天或未來兩週的藍圖，而是未來三

個月的藍圖，如此一來，新進員工才知道要做什麼。在顧客方面，現在有數百萬人住在 Airbnb 的民宿裡，但有時候並沒有足夠的客服人員來服務他們。

　　大家常問切斯基創業時期的事情，但他說，只從那個時期的觀點來看 Airbnb，會忽視後來第二到第五階段的一切，後面的階段遠比草創時期艱難許多。他說後面都是在「救火」，那可能是很孤獨的階段，因為市面上有很多談創業的書，也有很多談大企業管理員工的書，但幾乎沒什麼書談中間那幾個階段。

　　以 Airbnb 的例子來說，這個急速成長的階段持續了很長一段時間。2012 年初，切斯基告訴我，他終於逐漸培養出一個步調，能夠以較長期的眼光思考未來了。Airbnb 目前仍處於急速成長的階段，還要等好一段時間後，才會結束這個階段，但他們會繼續招募更多的重要高階主管，2013 年也會搬到更大的新總部。Airbnb 已經從「空間版的 eBay」，變成其他新創企業仿效的標準，例如網上遊艇租借平台 Boatbound 以「船舶版的 Airbnb」自居，dukana 是「設備版的 Airbnb」，DogVacay 是「寵物版的 Airbnb」。

　　現在 Airbnb 已經長成業界巨擘，全球員工逾兩千五百人，其中工程師有四百人，客服的規模也比以前

大，但那還只是公司內部而已。在 Airbnb 的故事中，最重要的組成分子是在總部之外：那就是房東與房客——是那些把 Airbnb 從一家公司轉變為一股風潮的數百萬人。

第 3 章

晉身數百萬社群人口的 Airbnb 共和國

每個商品皆獨一無二，每個人都可以找到所愛， 形成文化現象

> 「Uber 講的是交易，Airbnb 講的是人性。」
> ——格雷洛克創投合夥人
> 艾莉莎・徐萊柏（Elisa Schreiber）

Airbnb 的創立和成長，將是長久流傳的創業傳奇。創辦人為了讓事業起飛，經歷了重重的關卡。他們打造的技術、產品和文化，還有其迅速成長的模式，都充分展現出驚人的企業靈活度。創辦人在短短幾年內，從幾乎毫無經驗做到現在的成果，令人驚奇。

然而，如果只研究公司內部發生的一切，那就幾乎等於錯失了 Airbnb 這個「故事」的絕大部分。Airbnb 做為一家公司，擁有約兩千五百名員工，大多數員工都在舊金山；但 Airbnb 做為一股風潮，卻影響了全球數

百萬人，無處不在。

　　已經有數百萬人使用過 Airbnb，它的業務受季節性影響，在 2016 年夏季，Airbnb 創下了單晚住房人數新高，一晚就有一百八十萬人落腳在 Airbnb 的民宿。不過，即使數字已經不小，公司的滲透率依然不算高，很多人連聽都沒聽過 Airbnb，聽到 Airbnb 的概念時，他們還是覺得很奇怪，就像最初幾位投資人聽完創辦人的描述後都不敢投資一樣。

　　我為這本書進行採訪時，跟很多人提起 Airbnb 的概念，他們聽完後常露出不解的神情。對有些人來說，那是一個令人難以恭維的概念，有一位朋友的朋友說：「我**永遠不可能**嘗試，萬一你睡到別人的髒床單怎麼辦？」某間晨間新聞台派司機來接我上節目接受訪談，那位司機的反應也是典型的例子。他沒聽過 Airbnb，我向他解釋概念後，他搖搖頭表示不可能接受。他指出，首先，床蝨就是那樣傳播的；再者，你為陌生人敞開家門時，根本不知道那個人的來歷：「搞不好是逍遙法外的殺人犯。」他說的沒錯，你確實可能遇到那種人，不少個案確實出了問題，EJ 就是一例，後來又發生了更多起不幸事件。但任何關於 Airbnb 現象的研究，都必須先了解它發掘並填補的需求。你不可能平白無故吸引到

數百萬名顧客，就像 Y Combinator 的葛蘭所說的，你必須「做出大家想要的東西」。

進化的三階段

Airbnb 剛創立的前幾年，主要是千禧世代的便宜住宿選擇，年輕人可以選擇借宿別人的客廳或空房。但隨著時間經過，Airbnb 持續進化。如果把 Airbnb 的進化分成三階段，大致可分成：草創時期的沙發借宿階段；冰屋和城堡階段（成長開始加速，Airbnb 開始以各種古怪的體驗著稱）；葛妮絲·派特洛階段（用戶群和房源已大幅擴張，連女星派特洛 2016 年 1 月度假時，也選擇待在墨西哥蓬塔米塔每晚 8000 美元的 Airbnb 民宿[26]，幾個月後又訂了蔚藍海岸每晚一萬美元的別墅）[27]。派特洛階段有兩層意義：第一，連最挑剔、最講究的旅人也覺得 Airbnb 是合理的選項。第二，這個平台已經大到足以滿足每個人的需求了。

現在，Airbnb 的房源就足以反映全球房市的多元性。它的三百萬個房源都是獨一無二的，能提供的住宿類型與體驗多到令人難以想像。你可以支付 20 美元，睡在某人放在廚房的氣墊床上；你也可以像派特洛那

樣，每週付數萬美元，承租墨西哥的別墅。最近，紐約市的租屋選擇從每晚 64 美元的皇后區牙買加街的公寓地下室，到每晚 3711 美元的東十街五層聯排別墅，應有盡有。在巴黎，24 美元可以在豐特奈玫瑰（Fontenay-aux-Roses）的西南郊區租到有單人床和洗臉盆的房間，但是如果你肯花 8956 美元，就可以在十六區的三層樓公寓裡住一晚，裡面還有面向艾菲爾鐵塔的私人花園，並提供「VIP 級旅館服務」。

　　Airbnb 上的選項之多及奇特，讓人光是瀏覽房源就可以暫時跳脫現實，幻想抒壓。Airbnb 的網站上刊登了近三千座城堡，例如法國勃艮第的巴恩城堡（Château de Barnay），哥爾威（Galway）的中世紀堡壘，房客還可以睡在砲塔裡。另外，還有數十個風車和船屋，數百個樹屋，這些都是網站上最熱門的房源。最多人列入願望清單的物件，是位於亞特蘭大某處森林區的樹梢上，彼此間以繩索橋連接，披掛著閃爍的燈火的三房樹屋。最熱門的房源，則是加州阿普托斯（Aptos）的「蘑菇穹頂」（Mushroom Dome），這棟有穹頂艙的鄉間小屋，目前已累積九百多則五星級評價，要提前六個月預約才有可能訂到。霍夫曼說：「如果要我給房東什麼建議的話，我會建議認真考慮打造一個漂亮的樹屋，那種

房源的候補名單都排了好幾個月。」其他新奇的房源還包括馬場、復古拖車、貨櫃屋、貨車、蒙古包、巴士等等，例如瑞典某素食社群裡就有一輛巴士，入住守則寫「請勿在巴士上吃肉，或是把肉類帶上巴士，感謝您的配合。」，另外還有一百座燈塔可以住。

久而久之，Airbnb 開始在文化交流中佔有一席之地。例如，2016 年美國總統大選期間，《紐約客》刊登了一篇幽默的文章，列出 Airbnb 用戶對總統候選人的評價。文章寫道：「2000 年高爾對布希的選戰時，有個熱門問題是：你比較想跟誰一起喝啤酒？現在到了 2016年的初選季，問題可以換成：在 Airbnb，你比較想把你家租給誰？[28]」此外，有些公司也開始把 Airbnb 當成行銷平台，為自家品牌打造特殊主題房源。例如，2016 年夏天，皮克斯動畫為宣傳新電影《海底總動員 2：多莉去哪兒？》（*Finding Dory*），在 Airbnb 刊登了另類房源：在澳洲大堡礁的精緻浮筏上度過一晚，和多莉與尼莫的自然棲息地零距離。

當然，不是每個人都想睡在浮筏上或懸在樹梢上（阿普托斯的蘑菇穹頂是用堆肥廁所，所以你必須把衛生紙丟在垃圾裡），也不是每個人都想睡在十五世紀古堡的塔樓裡。那些新奇的房源可能有助於提升公司形

象，也為記者撰寫 Airbnb 的新聞稿提供了無盡的素材，例如〈讓你美夢成真的｜八個 Airbnb 童話城堡〉[29]。

Airbnb 網站上絕大多數的房源是偏重實用性的，而且遍及全世界（Airbnb 只有四方之一的房源位於美國），樣式五花八門，有各種規模、形狀、價位、與房東的互動度等等。你可以住在非常個人化的私人住家，室內擺滿房東的飾品、書籍和衛浴用品。你也可以選擇類似現代旅館的極簡住宅。你可以選擇和房東住在一個屋簷下，也可以挑選房東不在場的選項，甚至還有介於兩者之間的情境（例如你承租客用小屋，房東住在主樓；或是客房有不同的出入口）。你與房東的互動度可以是零，也可以非常密切。有些房東還會幫房客準備晚餐和早餐，例如英國索爾斯伯利（Salisbury）的鄉間小屋，提供房客兩種選擇：房客可以到廚房享用全套英式早餐，或選擇一籃送到房門口的自家烘焙糕點和果醬。

不完美的真實感

Airbnb 成為一股風潮的原因有很多，其中最大的因素就是價格。Airbnb 成立於 2008 年，正值經濟衰退的低谷。雖然 Airbnb 的房源價格有高有低，但大致上比

傳統旅館便宜許多。Airbnb 最具顛覆性的一項特質是，現在你可以在紐約市找到每晚不到一百美元的住宿。

其他的原因雖然不像價格那麼具體，卻更加重要。Airbnb 之所以成功，部分原因在於它發現大眾已經不再滿足於連鎖旅館提供的制式服務，其實連旅館業者也知道這點。「二十年前，你問旅客想要什麼，他們會回答乾淨的房間，不被打擾、沒有意外。」2016 年初，萬豪國際集團執行長阿恩‧索倫森（Arne Sorenson）在美國雜誌媒體大會上談到市場顛覆時這麼說：「那也促成了我們的品牌策略：好！那我們就確保每個房間看起來都很像。」但現在旅客想要的體驗已經改變：「如果我在開羅醒來，我想知道我在開羅，我不想醒來看到旅館房間，跟美國克利夫蘭的房間一樣。」

就像現在大家喜歡自製的手作商品一樣（例如麵包、泡菜、雞尾酒冰塊），許多旅客（尤其是千禧世代）也想從旅遊中獲得那種不完美的真實感。那可能是指住在好客的退休人士家裡，或是住在一人獨享的蘇活區精緻閣樓，但必須從小巷子的後門進出。你也可以選擇隱藏在洛杉磯銀湖區（Silver Lake）山上的古屋，享受陽光普照的私人花園。無論是哪種形式，Airbnb 上的選項都是不同、真實、獨一無二的。在旅遊日益缺乏人

情味的年代，它為旅遊增添了大量的人性特質。格雷洛克創投的霍夫曼說：「它不是整齊劃一的商品，而是獨一無二，人性化的。」

　　除了房源很另類，Airbnb 也讓旅客可以選擇住在旅館和觀光區以外的地方，深入他們平時不會看到的城市角落。這對 Airbnb 來說是很大的行銷賣點，也是巧妙的工具，因為大城市的旅館通常集中在商業區。住在布魯克林綠樹成蔭的街區，或布拉格的新興住宅區是很新穎的概念，很多旅客比較嚮往那種體驗。雖然旅客本來就可以從 Craigslist 等網站，或是分類廣告或地區網路布告欄獲得這類體驗，但 Airbnb 的出現把市場徹底打開，而且是在一個方便好用的平台上，讓數百萬人都可以輕鬆使用。於是，Airbnb 變成一種大家接受（數百萬人使用）、也嚮往（網站上充滿了專業攝影的精美照片）的體驗。

　　我想起最近我到華盛頓特區旅行的經驗，我很喜歡舒適的旅館，拜公司的團體優惠所賜，每年我都有機會入住喬治城的四季飯店，那是我最愛的飯店之一，位於我真心認為是美國最優美的社區。2016 年春天，我決定換換口味，嘗試 Airbnb。所以，我訂了一棟有百年歷史、附花園的馬車房，這棟由馬車房改建的房屋隱身在

聯排別墅後方，位於歷史悠久的住宅區，沿著一條狹小的石巷走到底就到了。那裡距離四季飯店不到一英里，但卻在我平時不可能深入探索的地方。我依然喜愛四季飯店，這間民宿也讓我發現 Airbnb 無法提供的旅館服務（暴風雨期間，那裡的有線電視突然斷訊了），但它也證明了為什麼 Airbnb 的顛覆性那麼強大。它不是單一化商品，而是各具特色的存在。這些住宿選擇不在寬敞的大馬路邊，不在交通要道附近，也不在旅館多半座落的商業區，而是藏在城市中留給居民過日常生活的地帶。就像 Airbnb 後來宣傳的理念：讓旅人能像當地人那樣體驗在地，而不只是觀光客。雖然不見得適合每個人，也可能對寧靜的社群造成很多影響（稍後我們會探討這個現象），但很多人比較喜歡以這種方式探索世界。後來我再度到華盛頓特區旅行時，又訂了那棟老宅。

商標、品牌再造、使命

2013 年，Airbnb 開始思考重新定位企業使命，聚焦在強調讓 Airbnb 平台如此獨特的元素。道格拉斯・艾特金（Douglas Atkin）在那一年稍早加入 Airbnb 擔任

全球社群長，開始帶領這個重新定位的流程，把各方面焦點都集中在一個概念上：歸屬感。艾特金是消費者與品牌關係的專家，曾寫過《品牌信仰力》（*The Culting of Brands*）一書。他從世界各地找來五百多位 Airbnb 用戶，在幾個月內密集進行焦點小組訪談，最後得出這個概念。到了 2014 年中，Airbnb 已經決定以歸屬感為核心，重新定位公司，並提出新的使命宣言：讓全世界的人都覺得「家在四方」（belong anywhere）。他們也定調新的企業代表色「桃紅色」，還有象徵這個概念的新商標：歷經數月構思與改進設計出來的可愛曲線圖案「Bélo」（亦即 belong anywhere），由離開可口可樂、加入 Airbnb 擔任行銷長的強納森・米登霍（Jonathan Mildenhall）命名。米登霍也說服創辦人把「家在四方」從企業內部的使命宣言，改成公司正式的宣傳標語。

2014 年 7 月，Airbnb 在總部舉行大型發表會，宣布品牌再造及重新設計行動 app 和網站。切斯基在 Airbnb 網站上以一篇充滿知性的文章介紹這個新概念，他寫道：很久以前，城市只是村落，但隨著量產和工業化，「大量供應又缺乏人情味的旅遊體驗」取代了人際互動情感，過程中「大家不再相互信任」。他寫道，Airbnb 代表比旅行更宏大的概念，它代表社群和人際關

係，運用科技來凝聚人情味。「歸屬感是一種共同的追求」[30]，Airbnb 就是帶給大家歸屬感的地方。Bélo 商標是他們精心構思的成果，形狀像一顆心，也像標示位置的大頭針，也代表 Airbnb 的「A」。商標設計的重點是簡潔至上，任何人都可以輕易畫出來，他們沒有雇用律師和商標法去保護它，而是邀請大家各自畫出獨一無二的版本。Bélo 商標代表了四個元素：人、地方、愛、Airbnb。

說 Airbnb 有時太過理想主義，可能還低估了他們的天真。他們的顧客也許接受那個概念，但媒體可就毫不留情了。TechCrunch 說「家在四方」根本是「嬉皮概念」[31]。有些人也質疑，究竟是溫馨模糊的「歸屬感」吸引大家使用 Airbnb，還是大家只是想找便宜酷炫的住宿。而且 Bélo 發表之後，立刻引發媒體的大肆嘲諷。他們不是笑 Airbnb 太過理想主義，而是笑它的形狀，他們說 Bélo 看起來像乳房、臀部，或同時畫出男性和女性生殖器的感覺。二十四小時內，就有人在 Tumblr 的部落格上收集了各種與性暗示有關的詮釋。《紐約時報》的凱蒂・班納（Katie Benner）在 Twitter 上寫道：「Airbnb 這個看起來像陰道／屁股／子宮的抽象新商標，根本沒有傳達臨時居所的感覺。」

我自己當時也充滿懷疑，我懷疑的不是商標，而是「歸屬感」乍聽之下令人起疑。我認為強調歸屬感，就代表要跟房東處在同一屋簷下，但我住過 Airbnb 幾次，每次都沒見到房東，也不想見到，我只是想省錢罷了。

然而，Airbnb 強調的「歸屬感」，不見得是指你和房東坐下來喝茶吃點心。而是一個更廣義的概念：那意味著大膽踏入你原本沒機會看到的社區，住在身為旅人通常不會停留的地方，借宿別人的空間，體驗別人的「熱情款待」，不管你會不會見到他。

2006 年春季我去喬治城住過民宿後，隔幾個月我又趁著民主黨召開全國大會，透過 Airbnb 在費城預約了一個地方。那是利頓豪斯廣場（Rittenhouse Square）附近的一棟無電梯老公寓，我小小心翼翼地推開大門，眼前是令人怦然心動的挑高空間，裡面有厚重的門板，牆邊擺滿了書籍，室內設計舒適簡約，壁爐上掛著一串閃爍的小燈。我喜歡屋主珍家中的一切，從她的藏書（跟我的很像）到她洗得澎鬆柔軟、折疊整齊的毛巾，還有她留給我的手寫卡片，每一個環節都深得我心。（珍和我有同樣的品味確實有加分，但那也是我從大量的房源中挑選她家的原因。）

紐約大學的桑達拉揚說：「你住 Airbnb 的民宿

時，即使房東不在場，也是一種很個性化的體驗。那是親密的，你和房東、他的藝術美感、挑選的床單、甚至婚紗照都有關連，那喚起了我們失去的一種感覺。」

無論媒體怎麼評價 Airbnb 的品牌再造，用戶似乎對這個新形象很有共鳴。接下來的幾個月，有八萬多人上網畫出個性化的 Airbnb 商標。相較於其他大品牌，那樣的消費者品牌參與度可說是非常高。（Airbnb 甚至欣然接受商標引發的熱議，負責領導品牌再造的艾特金後來說，那是象徵「男女機會平等的生殖器」[32]。）

此時，Airbnb 的客群已經改變。Airbnb 草創初期是吸引手頭較緊的千禧世代，後來的客群愈來愈廣。千禧世代仍是主力客群，他們也最常把 Airbnb 當成動詞使用，例如「我還是可以去科切拉音樂節（Coachella），反正可以 Airbnb。」（這句話表示價格不是問題，他們會想辦法找到住的地方。）隨著 Airbnb 的成長，客群也大幅拓展，現在房客的平均年齡是三十五歲，其中有三分之一是四十歲以上的用戶。房東的平均年齡是四十三歲，但逾六十歲的房東是成長最快的用戶群。

如今的 Airbnb 用戶，很可能就是像五十五歲的席拉・雷奧登（Sheila Riordan）這樣的旅人。雷奧登是行銷與客服經理，也是 cmonletstravel.com 創辦人（公司

專門為人規劃獨特的旅遊行程）。她和先生及三個孩子住在喬治亞州的阿爾法利塔（Alpharetta）。2013 年，雷奧登到倫敦出差，打算帶著丈夫和十一歲的兒子隨行，但她太晚訂旅館，等到她上網訂房時，發現住 Holiday Inn Express 一晚房價要六百美元，所以她首次嘗試 Airbnb，向住在泰晤士河畔的女士以每晚約一百美金承租公寓。雷奧登的先生本來很不願意住民宿，她說：「他喜歡美式浴室。」但那間公寓很迷人，可以容下他們三人，而且比市內的旅館便宜。

不久之後，雷奧登又帶十八歲的女兒到巴黎和阿姆斯特丹，也是用 Airbnb 訂房。在巴黎，她們是住左岸的「樸素」套房，位於宜人的社區，整棟樓看起來都很不錯，而且打開房間的雙扇門就可以看到樓下的露天花園。在阿姆斯特丹，他們住在位於兩條運河之間的公寓，離安妮之家（Anne Frank House）僅十步距離。這些民宿都有一些奇妙的地方，例如，巴黎那間公寓的主人把他和母親的超大合照掛在床邊，但他們很喜歡那個擺設，雷奧登說：「那為旅行增添了樂趣。」阿爾法利塔是一個比較傳統的郊區，有很多死巷和外觀相似的寬敞住家，雷奧登回到阿爾法利塔後，很多親友都覺得她瘋了，「他們對我說：『妳也太大膽了吧。』」他們想住在有

空調的希爾頓飯店，我比較喜歡和房東一起坐在花園的感覺，他可以告訴我，鎮上有哪些值得逛的好地方。」

抓緊超級用戶

Airbnb 最死忠的用戶，是一小群選擇把 Airbnb 當成每天住所的人，他們繞著地球四處居遊，從一個房源再到下一個。幾年前，曾是物理學家、現為紀錄片導演的大衛·羅伯茲（David Roberts）和從事藝術工作的妻子伊蓮·郭（Elaine Kuok）從曼谷搬到紐約市，他們決定透過 Airbnb 每個月換一區居住。

經媒體報導後，他們的故事引來不少關注，但這其實已經變成一種趨勢。波娜·古波塔（Prerna Gupta）在 TechCrunch 發表了一篇文章，稱此現象為「時髦遊牧族的興起」。古波塔是創業者，她和先生決定離開矽谷的激烈競爭環境，開始環遊世界[33]。他們變賣多數家當，把剩下的家當收在儲物倉裡。2014 年大部分的時間，都在哥斯達黎加、巴拿馬、薩爾瓦多、瑞士、斯里蘭卡、印度、克里特島等地居住，停留的時間從幾週到幾個月不等。

126

四年前，廣告公司的創意總監凱文·林區（Kevin

Lynch）帶著妻女，從芝加哥搬到上海。後來公司請他負責香港市場時，他決定不再靠傳統租屋，活在「外派人士的封閉圈」裡，而是透過 Airbnb 體驗在地生活。目前為止，他已經住過超過 136 個地方。林區說，這種生活方式讓他有機會經常探索陌生的新環境，維持「探險家」的思維。他說：「我覺得你愈熟悉一個地方，注意到的細節反而愈少。」

　　不過，這些「時髦遊牧族」都比不上邁克和黛比‧坎貝爾（Debbie Campbell）這對西雅圖的退休夫婦（邁克七十一歲，黛比六十歲）。2013 年，他們打包所有家當，把裝不進兩箱行李的東西全放進倉庫。接著他們把住家出租，飛到歐洲過退休生活。過去四年，他們在歐洲幾乎都是靠 Airbnb 租屋生活。截至 2016 年秋季，他們已在 56 個國家，住過 125 個地方。他們決定這樣做之前，花了好幾個月規劃。仔細計算過後，他們發現只要預算控制得宜，靠 Airbnb 在各地租屋生活的花費，其實和住在西雅圖的開銷差不多。

　　為了實現這套計畫，坎貝爾夫婦省吃儉用，對一切開銷都精打細算。他們每晚的住宿預算是 90 美元，但在耶路撒冷等住宿較為昂貴的城市，他們會稍微提高預算，並在保加利亞或摩爾多瓦（Moldova）等住宿較為

便宜的地方彌補差額。他們幾乎每餐都在家裡解決，大致上仍維持以前在西雅圖的日常生活，例如餐後玩拼字遊戲或骨牌遊戲。所以他們尋找房源時，會找有大型餐桌、廚房設備齊全、wifi 連線良好的房屋。他們承租整間公寓或住家，而不是只租整層房屋裡的一個房間，但他們幾乎都是選屋主可以接待他們的房源。平均一個地方待九天，每次提前三至四週預訂。他們通常會要求屋主提供折扣，但不會獅子大開口，只是希望能省就省，謹守預算。畢竟，如果只是旅遊兩週，預算超出 20% 還算小事，但如果一年 365 天都這樣生活，邁克說：「退休金一下子就揮霍光了，我們不是在度假，我們只是在別人的家裡過日常生活。」

四年來，坎貝爾夫婦因此結識了很多朋友，例如馬德里的房東幫他們拍聖誕節賀卡照；賽普勒斯的房東帶他們徒步旅遊首都尼古西亞，並幫他們通過檢查哨；雅典的房東請他們吃希臘燒烤，還用摩托車載著邁克去體育場看世界盃足球資格賽。

2015 年夏季，坎貝爾夫婦正式出售西雅圖的住家。他們知道他們靠 Airbnb 住遍世界各地的方法並不適合每個人，他們也不確定還要這樣生活多久，但目前還沒有計畫停下來。2015 年的 Airbnb 房東大會，這對夫妻

受邀上台分享經歷，邁克在台上表示：「我們並不富裕，但生活還算愜意，我們是終身學習者，身體健康硬朗，充滿好奇心。」他們在 seniornomads.com（銀髮遊牧族）上記錄了這段居遊經歷。

他們似乎引起了很多共鳴。《紐約時報》報導了坎貝爾夫婦的遊牧方式，那篇文章是當週最多人以郵件分享的文章之一[34]。該文刊出後，他們接到很多同齡的人來信表示，他們的成年子女也鼓勵他們試試看。坎貝爾夫婦的大兒子一家人也決定跟隨父母的腳步：他和妻子讓兩個孩子休學一年，全家環球旅行，他們稱自己是「青壯遊牧族」。

經營房東社群

當然，對 Airbnb 的生態系以及 Airbnb 這家公司來說，關鍵都在於提供房源的人，那就是房東。這個平台提供一個地方，讓旅行者可以待在別人的家中或公寓裡。沒有這些住宅，就不可能有這家公司，也不會有 Airbnb。那是難度很高的請求：去每個城市，請數百萬的在地人為陌生人敞開私人空間，成為民宿經營者。

而且，光是讓房東加入平台、出租私人空間還不

夠，Airbnb 還必須激勵他們努力提供良好的住宿體驗。光是房源數量就讓 Airbnb 躍升為全球最大的住宿供應商，但它既不擁有、也不掌控任何房源，更無法控制任何房東的行為。

創辦人從公司草創時期就知道這點。說服房東上 Airbnb 刊登房源，是公司早期的一大挑戰。不過，2012 年底，切斯基讀到康乃爾大學知名的旅館管理學院發行的《康乃爾餐旅季刊》（*Cornell Hospitality Quarterly*）後，他才開始更認真地思考公司提供的實際體驗。他認為他們需要把 Airbnb 從一家科技公司，轉型成重視殷情款待的旅遊服務公司。

不久後，切斯基讀了《登峰造極：運用馬斯洛理論提振士氣》（*Peak: How Great Companies Get Their Mojo from Maslow*），作者奇普・康利（Chip Conley）是裘德威旅館集團（Joie de Vivre Hospitality）的創辦人。1987 年，康利在舊金山創立連鎖精品旅館裘德威，後來逐漸擴張成旗下有三十八家旅館的集團，地點大多位於加州，並於 2000 年出售大部分的股權。多年來，康利逐漸變成旅館業大師。在《登峰造極》中，他說明在九一一恐攻及網路泡沫破滅後，他如何把心理學家馬斯洛（Maslow）的需求層次理論套用在企業及個人的轉型

上，從而拯救自己的公司。馬斯洛的需求層次理論主張，人類必須滿足身體與心理需求的金字塔，才能充分發揮潛力。在這個需求金字塔中，食物和水位於最底層，自我實現則位於最頂層。切斯基從康利的著作中看出他對商業與旅館業相當熟稔，甚至有一種追求理想主義的共鳴（康利在書中提到，他希望旅館客人結束三天的住房時，變成「更好的自己」）。於是，切斯基主動聯繫康利，問他是否願意到 Airbnb 跟員工暢談旅遊住宿業。

康利結束演講後，切斯基邀請他加入 Airbnb 擔任全職高階主管，領導公司往旅遊服務業深耕。五十二歲的康利才剛退休，並沒有意願重回職場。不過，他和當時擔任 eBay 執行長的朋友約翰·杜納霍（John Donahoe）談過以後，答應以顧問身分加入 Airbnb（杜納霍也是切斯基討教的前輩之一）。康利告訴切斯基，他每週可以投入八小時在 Airbnb 上。

在康利正式加入 Airbnb 的前一晚，切斯基趁著和康利共進晚餐時，說服康利把時間加倍成每週十五小時。不過，那個計畫也很快就被推翻了。康利回憶道：「我加入沒幾週後，就覺得：『噢，這比較像是一天投入十五個小時。』」2013 年秋季，他全職加入 Airbnb 擔任

旅遊與策略長。康利最後答應加入，是因為他覺得Airbnb 基本上是在做顛覆旅館產業的事，而他對這個挑戰深感興趣。「我們如何讓在各方面都已經高度企業化的旅遊服務業，再回到本來的樣子呢？」

康利立刻開始工作，為 Airbnb 的房東社群建構組織與提供實務專業訓練。他到二十五個城市演講，分享待客之道，幫助一般屋主學習經營民宿。他也設計了中央化的旅遊服務教學課程，制定一套標準，開設部落格，發行電子報，建立線上社群中心，讓房東可以隨時上線學習及分享最佳實務。他也設計了一套師徒制課程，由經驗豐富的房東來協助新房東了解待客之道，指導新房東殷情款待的訣竅。

這些秘訣、準則和建議，如今都收錄在 Airbnb 的企業教材中，例如以下幾點：盡量在二十四小時內回覆客人的訂房詢問。在接受訂房之前，最好能確定客人對住宿的想法符合你的「出租風格」，例如，房客希望現場有房東招待，但你可能不想和房客有任何互動，這樣你們就不太適合。經常保持溝通，並提供詳細的說明。清楚傳達「住宿原則」（例如你是否希望房客在室內脫鞋，是否願意讓房客使用後院，是否要求房客不要吸菸或不要碰電腦）。徹底打掃每個房間，尤其是浴室和廚

房。寢具和毛巾應該保持乾淨。你想提供進一步的服務嗎？可以考慮去機場接旅客，寫一張歡迎入住的迎賓卡，在室內擺放鮮花，或是讓房客入住時即可享用一杯酒或小點心。康利指出，即使房客入住時，房東不在場，房東依然可以提供這些東西。

當然，康利和他的團隊也只能建議或鼓勵房東做這些事情，不能強制要求房東，這時 Airbnb 的評價系統就可以發揮效用。Airbnb 的雙向評價機制，讓房東和房客在交易結束後，可以互給評價。這種評價機制已經變成 Airbnb 生態系中的重要元素：為房東和房客提供第三方驗證，而且雙方都有動機提升自己在系統中的評價，以利未來繼續使用平台。這種評價動機是雙向的，而且參與度很高：七成以上的 Airbnb 住宿都有評價，雖然評價難免有「膨脹」之嫌，但這種機制有助於約束雙方行為。這對 Airbnb 也有額外的價值：Airbnb 可以用這套機制鼓勵及獎勵良好的房東行為及抑止不良的行為。

創辦人從早期就知道，Airbnb 還有另一個寶貴的利器：他們可以決定房源出現在搜尋結果中的順位。這個功能可以用來獎勵房東，只要房東為房客提供良好的住宿體驗並獲得好評，他的房源就會出現在搜尋結果的前

面，獲得更多曝光的機會，增加訂房機率。相反的，當房東回絕太多訂房詢問、回覆太慢、取消太多次訂房，或是被房客給予惡劣評價時，Airbnb 就可以把該房源拉到搜尋結果的後面，或甚至停用房東的帳號。

　　但是，只要房東表現良好，Airbnb 一定不會虧待。只要達到某些績效指標，Airbnb 就會賦予你「超讚房東」（Superhost）的身分。衡量指標包括：過去一年至少款待了十組客人，維持 90％以上的回覆率，80％以上的評價是五星，只在極少情況或情有可原的情況下取消訂房。獲得「超讚房東」的身分後，你的房源在搜尋結果中的順位會大幅提升，也會得到專屬的客服電話，甚至還有機會預覽新產品及參加 Airbnb 舉辦的活動。這種獎勵導向的生態系統確實發揮了效用，如今 Airbnb 平台上已經有二十萬名「超讚房東」。當然，不見得每個超讚房東都很完美，但賦予房東這個身分是 Airbnb 在無法實際掌控提供服務的人的行為時，仍能提升服務品質的強大武器。

房東專家

　　Airbnb 的資料顯示，每位房東的平均年收入約六千

美元，但很多房東的收入遠高於平均值。艾芙琳・芭迪亞（Evelyn Badia）已經把民宿生意擴大經營成品牌事業。她原本是充滿魅力的電視廣告製作人，在紐約布魯克林的公園坡（Park Slope）有兩戶三層樓的聯排別墅。2010 年失業後，五十歲的芭迪亞把兩戶房子放上 Airbnb 出租，現在她全職經營民宿，每年有 80％ 的時間房子都在出租狀態，為她帶進「六位數美金」的年收入。芭迪亞說，目前為止她已接待過四百多位客人。

經營民宿幾年後，她創立芭迪亞顧問公司，為房東提供諮詢服務，每小時收費 95 美元。市面上也有其他類似的服務，但芭迪亞覺得那些都是年輕人經營的顧問公司，主要傳授營利與效率秘訣，比較沒有考慮到女性房東。「我心想：『嘿，你們知道有多少房東屬於超過四十歲的戰後嬰兒朝世代嗎？』」2014 年，她開設部落格並發行電子報，以「房東專家」自居，分享她學到的經驗。她每個月也會舉辦線上研討會（康利曾是研討會的貴賓），販售租屋指南（39 元），並在 Facebook 上開了「The Hosting Journey」社群，共有七百多位成員。她在 Airbnb 的房東社群中已經是名人，常為在地的房東舉辦烤肉及聚會活動，2016 年也受邀到洛杉磯的 Airbnb 房東大會上演講。芭迪亞正在考慮開辦課程，暢談在

Airbnb 上可能遇到的租屋和交友挑戰（她指出，當單身房東帶著追求者回家，而家裡有房客入住時，「那種情況就好像還和父母同住一樣。」）

波爾‧麥肯（Pol McCann）五十二歲，是澳洲雪梨的超讚房東。他最早開始用 Airbnb 的經驗是 2012 年與男友到紐約度假的時候，他們租了一間位於字母城（Alphabet City）的套房，租金還不到旅館的一半。由於價廉物美，他們把住宿從三晚延長到十二晚。那次旅行的美好經驗，促使他也想把雪梨的公寓拿出來出租。於是，他把公寓裝修了一番，拍照放上 Airbnb 刊登，二十四小時內就收到第一筆訂房交易。沒多久，他的公寓每個月都可以出租二十八或二十九天。六個月後，他已經從租屋獲得足夠的收入，可以在對街買下第二間公寓，並用租屋收入付清頭期款。

麥肯估計，那兩間公寓每年為他淨賺十萬美元。2015 年年中，他又付了頭期款，買下第三間公寓。那是比前兩間大很多的套房，共花了六個月整修。他已經仔細算過，打算五年後退休，等他退休時，公寓的貸款已經還清，他可以永遠當全職房東。

四十一歲的強納森‧摩根（Jonathan Morgan）在喬治亞州的薩凡納（Savannah）有三棟房子，共經營六個

房源：一棟房子是整棟出租，他住的那棟房子則有三間房出租，另一棟房子是位於海島上的度假屋，裡面有兩間房出租，他可以開船載送旅客往返小島。摩根說，他從 2010 年開始經營民宿，「那時 Airbnb 的辦公室只有十二個人」。他跟著 Airbnb 一起成長，目睹整個社群的成員愈來愈多元。他說，早期「沒有人知道該怎麼做，沒有人知道那是什麼體驗，『你該不會是變態殺手吧？還是，我才是變態殺手？』」他的房源吸引了熟悉科技的年輕旅客，所以他也投資了一些吸引這類旅客的設施，例如十二台固定齒輪定速單車、電玩裝備、「任何可以吸引目標客群的東西。這樣一來，我的日子也比較輕鬆。」摩根出租的收費是每晚 70 到 99 美元不等，他自己也獲得一些無形的效益：他的前兩任女友都是跟他租屋的 Airbnb 房客。

民宿服務帶動周邊產業

　　Airbnb 房東社群的成長，也刺激新型小眾產業的蓬勃發展，為這些房東提供相關的服務，包括寢具清洗更換、把枕頭弄膨鬆、開床服務（turndown service）、鑰匙遞交、物業管理、迷你吧台服務、稅務服務、資料分

析等等。你可以稱他們是 Airbnb 淘金潮的「淘金工具」賣家，這其中包含了數十家新創公司，幾乎都是 Airbnb 的用戶。他們都是在使用 Airbnb 平台的過程中發現需求、缺失或是不好用的地方，最後乾脆自己創業來填補那些需求。他們之中有很多人正在向創投業者募資，例如 Guesty 是其中規模最大的一家，專為房東提供專業管理服務，由以色列的一對雙胞胎兄弟創立。房東讓 Guesty 讀取他們的 Airbnb 帳號，處理訂房管理和所有的客人溝通、行事曆更新，並安排清潔公司及其他的在地服務商，收費是訂房費用的 3％。舊金山的 Pillow 公司可以幫忙建立清單，雇用清潔工，處理鑰匙，並運用演算法來判斷最佳定價。HonorTab 公司為 Airbnb 引進迷你冰箱的概念。Everbooked 的創辦人以「收益管理專家」自居，專長是資料科學，他看出 Airbnb 的房東需要動態定價工具。

房東最常需要協助的瑣事之一就是把鑰匙交給房客。房東不太可能一直在家等候房客抵達，尤其房東有全職工作或出遠門時，或是房客的班機延誤時，更不可能親自交付鑰匙。克萊頓・布朗（Clayton Brown）是史丹佛大學商學院的畢業生，在溫哥華的金融圈上班，2012 年開始透過 Airbnb 把出差時空下來的公寓出租，

他很快就發現交付鑰匙是最大的麻煩。本來他安排清潔人員來公寓幫他開門，讓客人入住。但有一次房客班機延誤，清潔人員早已回家，房客必須搭計程車去清潔人員位於偏遠郊區的住家拿鑰匙，導致每個人都很不滿。

布朗說：「於是我開始想：『應該有更好的方法，而且 Airbnb 成長得那麼迅速，應該有商機吧。』」2013年，他和合夥人一起創業，把在地的咖啡館、酒吧和健身房都變成社區的鑰匙交託中心。Keycafe 公司在那些地點安裝「鑰匙保管站」，房東只要每月繳 12.95 美元（加上每次交付鑰匙的服務費 1.95 美元），就可以享用內建 RFID 的鑰匙鍊。系統會透過 Keycafe 的 app 從遠端指派一組獨特的取用碼給旅客，旅客可用那組密碼取用鑰匙。有人取用或放回鑰匙時，房東都會接到通知。店家也歡迎在店內設置鑰匙保管站，因為那可以帶進生意。

Keycafe 服務的對象不限於 Airbnb 房東，也包括幫忙遛狗的人和其他服務業人士，但 Airbnb 和物業管理者就占其業務的一半以上。Keycafe 也是規模較大的Airbnb「補強型」伙伴之一，是 Airbnb「房東協助平台」上的正式合作夥伴。Airbnb 的房東協助平台把一些合作夥伴的服務都整合到網站，布朗與合夥人已募集到近三

百萬美元的資金，金額超過其他多數的輔助服務。布朗說：「隨著 Airbnb 的成長，再加上公司的估值和規模愈來愈大，這在創投圈裡算是可預期的發展。」

驚險萬分的房東大會

Airbnb 從一開始就經常以非正式的方式舉辦房東聚會。2014 年，他們正式推出 Airbnb Open 房東大會，那也是全球第一次的房東高峰會。那年 11 月，來自全球各地約一千五百位房東聚集在舊金山，參加為期三天的演講、研討會、晚宴，以及其他各式活動。他們聽了許多講者分享鼓舞人心的故事，切斯基也親自演講（切斯基上台後，請現場覺得經營民宿的經驗徹底改變自己的人站起來，現場的人都站起來了，那一刻可以明顯看出切斯基深受感動）。他們也聽到康利鼓勵他們留下那次大會的客製名牌和禮物袋，因為再過五、六年，「這會是全球規模最大的旅遊服務盛會」。

2015 年，房東大會的規模更大了。他們選擇在巴黎舉辦，肯定當地市場的重要性（巴黎就房源數及房客數來說，都是 Airbnb 最大的市場）。那場房東大會共有五千位房東及六百多位 Airbnb 員工參與，為期三天，地

點位於維萊特公園（Grande Halle de la Villette）。自費參加的與會者可以聽到各種主題的演講，例如瑞士出生的哲學家兼作家艾倫・狄波頓（Alain de Botton）、居家整理大師近藤麻理惠（Marie Kondo）等等。他們也會聽到切斯基、傑比亞、布雷察席克、康利激勵人心的演說，產品長澤德及工程長麥克・柯蒂斯（Mike Curtis）分享公司的最新近況，還有法務長強森和公共事務長克里斯・勒涵（Chris Lehane）談法規方面的最新抗爭。此外，他們還能欣賞到太陽馬戲團的表演。整個房東大會歷經數月籌劃，可說是一大盛會。一開始，大會按照原訂計畫開場。第一天結束時，他們分散到巴黎市一千多個房東的住處和餐廳，同時開動晚餐。

2015 年 11 月 13 日，大會進入第二天，場面依然熱鬧非凡。當晚，創辦人舉行了一場晚宴，邀請仍在 Airbnb 任職的最初四十位員工齊聚一堂，並把那場餐會稱為「第十街晚餐」（Tenth Street Dinner）。地點選在某個位於巴黎第十八區的房源，並找外燴公司提供服務，慶祝公司一路走來的成就。當天，切斯基已經發表兩場演講，這時他在親友的包圍下，終於可以放輕鬆，好好思考一下他們達成的成就。

但晚宴開始約一小時後，就在傑比亞舉杯慶祝不

久，切斯基和房內其他人的手機開始響了起來。據報導，幾哩之外的餐廳發生了槍擊案，由於案發當時看似一起獨立事件，儘管槍擊案令人不安，他們仍繼續用餐。但不久又傳來更多攻擊的消息：據報導，法蘭西體育場發生爆炸案，第十區發生大規模槍殺案，巴塔克蘭劇院（Bataclan）內有攻擊者挾持人質。這就是後來震驚全球的法國 ISIS 恐攻事件，導致 130 人喪生，近四百人受傷。當時 Airbnb 共有 645 位員工以及五千位房東在巴黎市各個角落享用晚餐。很多人剛好待在發生槍擊案的區域，還有一群人當時就在法蘭西體育場內。

切斯基馬上與 Airbnb 安全部門負責人聯繫，把晚宴地點樓上的浴室改成臨時指揮中心。由於巴黎市街頭整晚封鎖，限制行動，他們把那裡的家具全部搬出去，把毯子和枕頭都拿來打地鋪。在那個漫漫長夜，他們清點每位員工和房東的安危，確定沒人受傷。隔天，他們取消了剩下的活動，努力安排每個人安全返家。那個週日，共有一百位員工搭上飛往舊金山的飛機。

家在四方的蛻變之旅

142

2014 年 11 月，在 Airbnb 把「家在四方」當成使命

四個月後，切斯基又去找全球社群長艾特金討論。切斯基說，他喜歡「家在四方」的概念，也覺得那會是Airbnb 未來一百年的使命，但還是有一些亟需解答的問題：家在四方究竟「意味」著什麼？該怎麼衡量？怎麼落實？於是，他又指派艾特金去做焦點小組訪談，找出答案。這次艾特金又訪問了三百位世界各地的房東和房客，得到的答案是：「家在四方」不光只是某個單一時刻，而是房客透過 Airbnb 旅行時所獲得的體驗，改變了他們。Airbnb 把它定義成「家在四方的蛻變之旅」，感覺就像這樣：旅人離家遠行時感到孤獨，他們抵達Airbnb 的租屋處時，感覺受到房東的接納和照顧，於是旅人又感覺到自己像在家裡一樣安心。這種情況發生時，旅人感到更自在、更美好，更圓滿，旅程終於完整了。

這是 Airbnb 的說法，也許外人聽起來覺得矯情，但切斯基和艾特金說這是 Airbnb 迅速成長的一大原因。Airbnb 的愛用者完全相信這套理念，跟虔誠的教徒無異。艾特金到世界各地進行焦點小組訪談、探索 Airbnb的意義時，在雅典遇到一位房東把「家在四方」寫在臥室牆壁上。還有一位韓國房東把名字改為韓文版的「歡迎蒞臨寒舍」。對一般旅客來說，無論透過 Airbnb 住民

宿是不是一種全面的「蛻變之旅」，Airbnb 的成功不僅是因為平價、方便、以及各種五花八門的空間，也因為它引發了某種更大、更深層的共鳴。

即使你和房東的互動只是一些訊息往來、蓬鬆的浴巾、迎賓卡片而已，你從頭到尾都沒見到對方，但是在這個互動愈來愈少的世界裡，主動展現人性或是接收到他人展現的人性都是罕見的機會。這是讓 Airbnb（以及其他短租服務）有別於其他分享經濟的另一個要素。Airbnb 的核心涉及了最親密的人際交往——造訪民宿，睡在別人的床上，使用別人的浴室。即使是專業人士經營的房源，依然有這種一對一的親密感。當然，那正是許多人對 Airbnb 產生反感，無法想像自己使用的原因，但那也是 Airbnb 獨特的地方。當你上兼職平台 TaskRabbit 找人來修理漏水，或是搭乘某人的高級轎車去機場、一路講手機時，你不會有這種「分享」的感覺——那是把個人生活中最親密、最安全的一面，敞開來接納陌生人的極致感受。這正是讓 Airbnb 有別於 Uber、Lyft、其他共享經濟公司的最大差異。某天我和格雷洛克創投的行銷合夥人艾莉莎・徐萊柏（Elisa Schreiber）談論 Airbnb 時，她以一句話道破了這個差別：「Uber 講究的是交易，Airbnb 講究的是人性。」

遺憾的是，後面我們會看到，儘管 Airbnb 滿懷善意，後來他們也逐漸瞭解到「人性」也可能令人失望，不見得人人心存善念，立意良善。

第 4 章

別讓害群之馬壞了整鍋粥

向全球開放的平台須面對媒合陌生人的各種風險

「我們的產品就是真實人生。」

——切斯基

當然，人性不見得總是善良。儘管 Airbnb 的承諾充滿理想，仍然面臨一個顯而易見的問題：把這麼多陌生人湊在一起，如何確保不出問題呢？

畢竟，這個世界上確實有一些相當惡劣的人。現在有一種服務，讓人主動把家裡的鑰匙交給素未謀面的陌生人，不會引狼入室、吸引到這群惡劣之徒嗎？有些人確實出現不良行為。此外，還有一些人為疏失造成的不幸意外和後果。雖然這類事件很少見，但仍是這個大規模住家共享世界的一部分，這些事件對 Airbnb 也造成

極大的影響。

例如，2011 年發生的 EJ 住家洗劫事件，以及相關的公關與危機管理問題，是 Airbnb 第一次從極端破壞事件中記取重要的教訓。不過，用戶濫用 Airbnb 為惡的方式五花八門，而且近年來那些最誇張的事件往往變成媒體競相報導的焦點。2012 年，斯德哥爾摩的警方破獲一處應召站利用 Airbnb 承租公寓接客。2014 年紐約發生另一起事件，引起媒體的廣泛報導。艾里・泰曼（Ari Teman）以為他把雀兒喜區的公寓出租給一個來紐約參加婚禮的家庭，但他回家準備拿行李出遠門時，發現家裡有一群過重的人在開性愛派對。幾週前，新創公司的高階主管瑞秋・芭西尼（Rachel Bassini）把紐約東村的頂層公寓出租，回家後發現家具被毀損翻倒，地上、牆上、家具上還留著用過的保險套、嚼過的口香糖、各種碎屑殘渣，甚至還有排泄物 [35]。

2015 年春季，加拿大卡加利市（Calgary）育有兩名幼子的金恩夫婦也遇到惡房客。他們把位於市郊住宅區的三房住家租給一位男士，對方聲稱他和幾位家人來市區參加婚禮。那群人租屋期即將結束時，鄰居打電話聯絡金恩夫婦，說警方正在他們家。金恩趕回家後發現，整間房子被搞得凌亂不堪，警方告訴他們那裡剛開

完嗑藥狂歡派對。房子遭到破壞的程度，跟舊金山 EJ 遇到的情況差不多，甚至更糟：家具毀損，金恩太太的藝術作品全毀，屋內隨處可見用過的保險套、灑出來的酒漬、煙蒂、成堆的垃圾。地面上有碎玻璃，食品隨處亂丟，散落在屋子各個角落，牆上和天花板上沾有烤肉醬和美乃滋，金恩太太的鞋子裡塞了一支雞腿。由於現場還有一些不明液體，警方封鎖了房子，貼出「生物危害」的告示。警方全身套上白色的防護衣和頭罩後，才重返現場。金恩先生當時接受 CBC 新聞訪問時表示：「我們寧可整間屋子都燒毀了，可能感覺還好過一些。」鄰居後來告訴他們，夫妻倆離家不久後，就有一台派對巴士抵達他家，約有一百人下車。房子必須從頭翻新，連地板都要撬開來重鋪，牆壁重新粉刷，天花板重做，整整花了六個月才完工，一切費用全由「Airbnb 房東保障金計畫」（Host Guarantee）支付。金恩先生表示：「屋內的多數東西都無法挽回了。」

這種派對其實行之多年了。主辦者常上 Craigslist、HomeAway 等網站租房子來舉辦派對。後來，隨著 Airbnb 的成長，再加上介面簡單好用，又提供數百萬個度假屋以外的選擇，導致 Airbnb 變成派對主辦者尋找場地的方便去處。

派對怪獸

2016 年 7 月，年度 PGA 錦標賽預訂在紐澤西州春田市的巴圖斯洛高爾夫俱樂部（Baltusrol Golf Club）舉行，那座歷史一百二十一年的球場位在紐約市西方二十英里處。芭芭拉·羅芙琳（非本名）與先生和四個孩子住在附近的高級住宅區，她開始思考也許可以趁這個機會把房子租出去。暑假的多數時間，他們本來就住到澤西海岸的度假屋，況且這個寧靜的地區很難得會碰到這種知名賽事，創造住宿需求。

最近他們全家打算去加州納帕谷（Napa Valley）旅遊，羅芙琳上網為旅行做了一番研究，瀏覽了一些短租網站，很喜歡那些看起來舒適宜人的房源，所以對短租概念感到放心。她為自己的住家拍了幾張照片（四房的維多利亞風格住宅，附設寬敞的後院及游泳池），以每晚兩千美元的價格放上 Airbnb 出租。（「那個價位對我們這個城鎮來說有點誇張，」羅芙琳說：「除了真的想來這裡住的高爾夫球選手以外，誰會想花兩千美元來租我們的郊區房子？」）她開始收到一些詢問，但婉拒了多數有意承租的人，因為她覺得那些人看起來很可疑，好像十八歲小鬼想借用她家開高中畢業派對似的。但不

久，她接到一位叫凱伊的活動承辦人員來信詢問，他的帳號名稱是「絨毛」。凱伊表示他和《高爾夫文摘》（*Golf Digest*）的編輯合作，想租她的房子，在週六下午於游泳池畔為五、六十位高爾夫球員舉辦「開球派對」。

羅芙琳覺得這個提案聽起來很有吸引力：凱伊只租三晚，很樂於每晚支付兩千美元。這世上還有比週六下午的高爾夫球員更守規矩的人群嗎？「絨毛」確實是個奇怪的名稱，但他的帳號已通過身分驗證（Airbnb 讓用戶自願加入的強化版身分驗證法）。即便如此，由於羅芙琳是律師的女兒，妹妹也是律師，她還特地採取了一些保護措施：擬定額外的合約，並要求預訂在那裡過夜的六名成年人（包括凱伊）提供駕照影本。凱伊照辦了，寄送駕照影本給羅芙琳。羅芙琳把六人都列入額外合約中，凱伊在活動前幾天寄回簽好的合約，並透過Airbnb 完成訂房和付款。

為了確保萬無一失，羅芙琳還上網搜尋那些人的駕照名字，確定那些資料都是真的。那些人看起來都是真有其人的專業人士，在 LinkedIn 與其他網站上都有個人檔案，但羅芙琳覺得很奇怪，他們的網路身分似乎跟高爾夫球或《高爾夫文摘》沒有任何關係。她在房客即將抵達的前一天才發現這點，她打電話給凱伊，說她不太

明白這件事和高爾夫球的關係。凱伊向她保證，他會提供她一個網路連結，說明　切。那天他們通話三次，每次羅芙琳都提醒凱伊要寄連結給她，每次凱伊都說他會寄出，但羅芙琳始終沒收到。

隔天，羅芙琳和先生按照原訂計畫，從他們的海濱別墅開車回家，以便把鑰匙交給凱伊和他的外燴人員。凱伊打電話來說，他在布魯克林和律師開會，會晚一點到，但外燴人員已經到了他們家，並交給她駕照影本，向她保證這只是一場單純的小派對。之後，凱伊又打電話來說，他仍在紐約市，要去機場接其他的承租者，所以羅芙琳把鑰匙交給了外燴人員。當晚，羅芙琳和先生開車回澤西海岸的海濱別墅。

羅芙琳事前已經通知鄰居，她家會有人來舉辦高爾夫球派對。所以，隔天早上鄰居傳來一張照片，照片顯示一台家具出租公司的卡車停在她家的車道時，她回應：沒錯，那很合理，沒關係，一切是按計畫進行。

幾小時後，另一位鄰居打電話給羅芙琳：「我實在不想嚇妳，一切看起來沒事，但是進去妳家的人看起來不像高爾夫球選手。」她描述一些穿著泳裝的年輕人三五成群進入她家。羅芙琳打電話給凱伊，問他是怎麼回事，他說鄰居可能是看到尚未離開的工作人員，高爾夫

球員尚未抵達現場。羅芙琳雖然有點擔心，但姑且相信了凱伊的話。不久，鄰居又打電話來說，愈來愈多人抵達她家了，穿著都很類似：女性穿比基尼，外面套著輕薄的罩衫，足蹬高跟鞋；男性穿泳褲，年齡都在十八到二十五歲之間。

羅芙琳再度打電話給凱伊時，這次凱伊換了一個說法：他說他的客戶租了兩棟房子舉行不同的活動，臨時決定兩邊的活動對調。現在羅芙琳家中是舉辦家庭派對，這兩場活動的主辦人尚·馬努爾·凡德茲（Jean Manuel Valdez），他是那六個提供駕照影本的承租人之一，他打算利用那場派對跟女友求婚。

這時羅芙琳和先生已覺得事有蹊蹺，所以他們再次從濱海別墅開車返家。一路上，鄰居不斷傳照片給她，說愈來愈多的年輕男女進入她家，每群都有十幾人。等羅芙琳回到家時，那個社區的每條街上都停滿了車，一群又一群的派對男女走向她家。她家的車道口還有專業的警衛守候，檢查入場者的手環。警衛是活動的主辦人雇用的，他們表示不知道有高爾夫球派對。主辦人在羅芙琳的車庫內設了第二個檢查站，後院有三名 DJ、一個販售飲料的酒吧、烤肉區，還有六個大型的度假小屋，整個後院擠滿了約三百到五百位狂歡者，羅芙琳

說：「實在太瘋狂了。」

　　羅芙琳無法踏進自己的家中，因為那樣做會違反租約上的條款。不過，由於鄰居已經報警，警察也來到現場，他們有權進入場地，終止派對，驅離客人，這個過程整整花了兩個小時。羅芙琳要求見主辦人凡德茲，有人說他出去吃午餐了，羅芙琳說：「我覺得合約上的人都不在現場。」她的主要聯絡人凱伊也不見蹤影，她自始至終都沒見到凡德茲。等所有人都離開後，羅芙琳在警方的陪同下檢查住家以評估損失。最後發現損失不大，只有弄壞一個燭台、一張藤椅、泳池的甲板上出現一些裂縫。由於承租的房客都不在現場，無法交還鑰匙，羅芙琳請了鎖匠來更換鎖頭。

　　事後，羅芙琳得知，他們家被宣傳人員用來辦嘻哈派對 In2deep。那場派對已經在 Instagram 和 Eventbrite 上宣傳數週，而且是以「私人豪宅泳池派對」做為賣點，標榜有 VIP 小屋服務，「前 100 名女性可享 VIP 香檳」，有 DJ 播放嘻哈音樂、舞曲、非洲舞蹈音樂。廣告上寫著：「進小屋秀時尚，入泳池酷清涼！」每個人收費從 15 到 25 美元不等，付款後就會收到地址通知。

　　儘管住家受損不大，但這件事令羅芙琳非常心煩。她覺得自己不僅受騙，假期毀了，還造成鄰居很大的困

擾，令她非常自責。她也感到害怕，因為她在 Instagram 上看到一些人貼出派對照片（有人寫道：「昨天的派對本來很棒，但惡魔不讓上帝之子玩得盡興，不過別擔心，我們已經安排了一些驚喜。」）。她覺得那些不甘被驅離的客人可能會回來報復。不過，羅芙琳最希望的是警方逮到凱伊，讓他付出代價。羅芙琳覺得凱伊徹底破壞了她的信任，欺騙了她。

除了財務損失，信任更難修復

隔週一，羅芙琳打電話給 Airbnb。她在網站上光是找 Airbnb 的投訴電話就找了四十五分鐘，打電話過去，又在線上等候了十五分鐘，才終於把她的遭遇傳達給客服人員。客服人員表示會向專案人員提報這件事，專案人員會在二十四小時內聯絡她。客服人員也建議羅芙琳，趁這個時間把案子的其他細節寄給 Airbnb。後續三天，羅芙琳都沒接到任何電話，所以她又寄了一封電郵詢問何時會得到回音，也提供更多的細節（包括發生什麼事，以及一個 Dropbox 連結，讓 Airbnb 的人可以看到四十幾張她從 Instagram 上收集到的相關照片），她也詢問 Airbnb 會不會派人聯絡她。

　　五天後，羅芙琳依舊得不到回應，她再次寫信給Airbnb，詢問為什麼拖那麼久，音訊全無。隔天，Airbnb 的專案經理凱蒂發了一封開朗的問候信給她（「感謝您主動聯繫我們，很抱歉是在這種令人遺憾的情況下！」），並為延誤聯繫致歉。凱蒂建議羅芙琳善用Airbnb 的「房東保障金計畫」求償，並詳細說明申請賠償的效益與流程。羅芙琳告訴凱蒂，她在意的損失和住家的實際受損無關，她想要的是更迫切的答案：她想知道 Airbnb 是否驗證過對方的駕照影本；Airbnb 是否採取行動，避免這些人持續在平台上租用其他房子；Airbnb 是否仔細查過「絨毛」這個帳號是如何通過身分驗證的。她寄出電子郵件後，又有兩天收不到任何回應。於是，她再次寫信給凱蒂，說明事件發生已經過了兩週，她一直沒收到 Airbnb 回覆她的問題。她也在信中提到，地方記者已經聯絡她，希望針對事件做一篇報導，因為消息已傳遍整個城鎮。

　　兩天後，凱蒂回信了，說 Airbnb 無法提供她房客的個人資訊。但是，如果羅芙琳和地方的執法機關合作，警方可以寫電子郵件給 Airbnb 的特殊執法聯絡員，正式要求調閱「絨毛」的身分資料。她也再次鼓勵羅芙琳善用 Airbnb 的房東保障金計畫，為住家實際受損的

部分求償。凱蒂表示已經收到照片，但 Airbnb 需要先收到房東填寫正式的房東保障金求償表單，並逐一列出受損項目和單據，才能處理求償的案件。「我知道這件事令人失望，」她寫道：「我們正竭盡所能地提供協助，例如幫妳轉往房東保障金求償流程。」

後來又經過多次的信件往返，期間羅芙琳確實申請求償 728 美元，並一再提出同樣的問題。但最後凱蒂告訴她：很遺憾，公司的隱私政策禁止披露「絨毛」帳號的任何資訊，但是如果羅芙琳通報的在地執法機關進行調查，他們可以聯絡 Airbnb 的執法聯絡員，聯絡員會配合調查。凱蒂也說，她會盡力透過房東保障金求償計畫，為羅芙琳爭取權益。

羅芙琳對於 Airbnb 標榜的房東保障金求償根本沒什麼興趣，她只希望 Airbnb 能幫她查出「絨毛」，避免他繼續欺騙平台上的其他人。她和先生都想對「絨毛」提告，但缺乏個人資訊，他們也不覺得地方執法機關會像凱蒂說的那樣受理他們的案件，這種案子不值得警方投入時間。羅芙琳只是希望 Airbnb 能提供協助，至少打電話聯繫。羅芙琳說：「他們從未打電話來過。」

在此同時，她發現約莫同一時間，有一個叫克里斯多夫・賽林傑（Christopher Seelinger）的人透過 VRBO

平台發出詢問信，想跟她租房，那個人的名字就出現在之前收到的駕照影本上。「這些人持續到處行騙，Airbnb 根本完全不管，」她說：「他們連打電話來跟我談這件事都不肯。」

事情一直在原地打轉，Airbnb 持續以制式回應回覆她。她申請房東保障金求償後，另一位叫喬登的 Airbnb 工作人員寫信給她，說他注意到羅芙琳並未依照電郵的指示去使用「協調中心」（Resolution Center）。

Airbnb 把房東和房客之間的爭議都轉往協調中心處理。協調中心是網站上的訊息平台，讓交易雙方自行要求額外的付款以解決紛爭。萬一達不成協議，雙方可以要求 Airbnb 介入解決。對此，羅芙琳感到不解，之前根本沒有人跟她提過協調中心。但她還是依循喬登的指示，提出詳盡的賠償請求，要求 4328 美元的賠償費。具體明細包括住家損毀費 728 美元，造景修補費 350 美元，她和先生找律師諮詢十小時的費用 3250 美元。在那封直接寫給「絨毛」的九百字求償信裡，羅芙琳開宗明義就提到「你欺騙了我們」。

幾週後，凱蒂回信告訴羅芙琳，Airbnb 已經處理那筆 728 美元的求償申請了。羅芙琳感到困惑不解，她提出的求償金額是 4328 美元，還沒收到關於絨毛的回信，

也沒答應接受其他的賠償方案，而且至今她一直沒接到Airbnb 的電話。她把這一切訊息轉發給凱蒂，凱蒂回信說她看不懂羅芙琳的信，因為實體受損的賠償金額是728 美元，她寫道：「妳可以詳細說明一下 4328 美元是怎麼算出來的嗎？」羅芙琳又回信解釋，差額是律師諮詢費。她也再次詢問，絨毛到底回信了沒有，還有Airbnb 究竟採取什麼措施「聯絡他，處理他的欺詐行為」。

三天後，凱蒂回信說房客沒有回覆，他的帳號已遭封鎖，房東保障金求償不涵蓋律師諮詢費，所以未納入Airbnb 最後的賠償金額中。不過，她很樂意透過房東保障金計畫，幫羅芙琳申請造景修補費的求償，羅芙琳只需要把造景修補費的發票寄給她就行了。

羅芙琳氣炸了，她想達到的目的只有兩個，其一是Airbnb 找到絨毛，阻止他到處行騙；其二是 Airbnb 打電話給她，好好處理這件事，因為她從手邊的聯絡資訊得知，她手上駕照影本的那些人其實是駕照失竊者。但是搞了半天，她覺得自己一直被困在房東保障金的討論中，沒完沒了。最後，羅芙琳選擇不接受賠償，因為Airbnb 要求受償者簽切結書，未來不再針對那次訂房交易要求 Airbnb 負起任何責任。羅芙琳不想就此放手，

她覺得那份文件根本不合理，她也覺得 Airbnb 的政策是在保護絨毛，因為 Airbnb 不肯對她透露絨毛的資訊。她寫信告訴 Airbnb：「絨毛可能來敲我家的門，或是租房給我，我根本不會知道那就是他。」Airbnb 後來寄給她好幾次電郵，要求她簽切結書，之後有一位主管聯絡她，說她不簽的話，公司就無法批准剩餘求償金 350 美元裡的 271 美元。那個主管也表示會附上 100 美元的抵用券，讓她下次訂房時使用。

Airbnb 北美信任與安全保障部的主管艾蜜莉・岡薩勒斯（Emily Gonzales）表示，Airbnb 延遲回應羅芙琳的做法是「無法接受」的，他們正在想辦法確保這種事情不再發生。她指出，由於羅芙琳的律師諮詢費和具體的法律訴訟無關，他們無法補償那筆費用。她也說，Airbnb 確實依照公司的政策提供損害賠償了，也永久移除絨毛的帳號，並向羅芙琳確認過帳號移除那件事。此外，他們也查過，羅芙琳後來接到的「克里斯」來信，不是駕照影本上的那個「克里斯多夫」。

Airbnb 的全球危機溝通部負責人尼克・夏皮洛（Nick Shapiro）表示，Airbnb 的回應延遲是「絕對無法接受」的行為。他也指出，平台的工具提供房東多種機會評估潛在房客，並運用自己的判斷力。例如，潛在房

客的評價數、是否有驗證過身分、通訊時的溝通方式等等，都可以幫房東評估潛在房客，事先看出可能的麻煩。夏皮洛表示，這個案例中，房客是新的，沒有任何評價，他也清楚表示他是租房子來開派對，羅芙琳也同意了。夏皮洛說：「沒有萬無一失的方法，所以我們才設下多重防禦機制。」他也補充提到，如果房東讓某位房客訂房，結果卻是別人入住（例如羅芙琳的例子是凱伊沒現身，但外燴人員出現了），房東應該聯繫 Airbnb 並當場取消訂房。羅芙琳堅稱，由於絨毛的帳號是「已驗證身分」（Verified ID），讓她不疑有詐：「那表示真有其人。」我把這件事情轉述給岡薩勒斯聽，她說：「妳說的那件事，我們正在努力改進。」Airbnb 正在研究加強版的驗證 ID，將在近期內推出。

千鈞一髮的攻擊

另一起事件發生在 2015 年夏季，據《紐約時報》的詳細報導，十九歲來自麻州的雅各‧羅培茲（Jacob Lopez）透過 Airbnb 住進馬德里的一幢民宿[36]。《紐約時報》報導，房東把羅培茲鎖在公寓裡，逼他發生性關係。他說房東是一位變性的女人，威脅他就範。

據報導，羅培茲當場就傳簡訊給母親，請她趕快求救。他的母親打電話給 Airbnb，但 Airbnb 的員工告訴她，Airbnb 無法透露租屋處的地址，她要請馬德里警方直接聯絡 Airbnb，才能獲得資訊。Airbnb 也表示無法直接幫她報警，她只能自己報警。他們提供馬德里的報警電話給羅培茲的母親，但是據《紐時》的報導，她打那通電話後，只聽到一段西班牙語的錄音，錄音結束後，電話就斷了。

在此同時，公寓裡的局勢愈來愈危險，羅培茲表示他遭到攻擊了。後來他告訴房東，他打算見面的幾位朋友都知道他住在哪裡，他不依約前往的話，他們會來找他，後來才終於脫身。（據《紐時》的報導，房東否認羅培茲的指控，說那是雙方合意下的結果，還表示羅培茲有跨性別恐懼症。《紐時》也指出，馬德里警方拒絕評論，房東表示警方已經找過她，她預期自己會得到清白[37]。）

這件事就像 2011 年的 EJ 公寓洗劫事件一樣，經媒體披露後，瞬間變成熱門新聞，羅培茲也上《今日》（*Today*）晨間新聞接受專訪。Cosmopolitan.com 上的新聞標題寫道：「如果你住過 Airbnb，一定要讀這篇駭人聽聞的報導」。Airbnb 在新聞爆發後，迅速做出改變：

更新公司政策，在緊急狀況下，授權員工直接聯絡執法單位。他們也增加一個選項，讓旅客在自己的檔案上設定緊急聯絡人，授權這位聯絡人在緊急狀況下可以獲得任何資訊。此外，Airbnb 也讓用戶更容易和親友分享行程，尤其是透過行動裝置。

但這起事件也不禁讓人質問，為什麼都已經 2015 年了（公司創立七年了），Airbnb 還不讓員工在緊急事件發生時直接聯繫執法單位。我問起這件事時，切斯基坦言：「以前我們不太敢直接聯繫執法單位。」他說 Airbnb 訂定緊急應變政策時，曾向專家討教過，專家明確建議他們最好不要介入，應該讓受害人自己向執法單位求援，避免事情變得更加危急。切斯基說，Airbnb 的人並未考慮到緊急事件可能是「現在進行式」，當下就攸關人命。切斯基表示：「我們規劃緊急應變政策時，忽略了這個細節。」他也指出，事後他們檢討那個事件時，也覺得當初決定不直接聯繫執法單位是「無法接受的」。

Airbnb 對這類事件的回應，通常是小心強調那種事件很少見，堅稱事件本身通常是更大問題的一部分。例如，羅培茲事件發生後，Airbnb 發表聲明：「性侵問題是全球挑戰，但維護社群安全對我們來說比任何事情還

要重要。那個週末，有八十萬人使用 Airbnb 租屋，他們皆平安無事，光是西班牙就有七萬人使用 Airbnb，但任一起事故發生，對每個人來說都太多了。」聲明的後面又說：「沒有人有完美無瑕的紀錄，」這是 Airbnb 常用的說法，「但那是我們努力的目標。」

然而，安全對 Airbnb 的事業來說至關重要，甚至可以說比「歸屬感」還要重要。在馬斯洛的需求層次理論中，不受傷害和不遭破壞是基本需求。就像委託房東提供殷情款待的服務一樣，當 Airbnb 自己沒有住宿資產時，確保安全也成了一大挑戰。「我們的產品就是真實人生，」切斯基說：「我們自己不製造產品。」因此 Airbnb 無法達到十全十美，「由此發展出的社群，無法保證什麼事情都不會發生。」但他堅稱 Airbnb 是「高度信任的社群」（他說：相較之下，「街頭的現實世界」是低度信任的環境）。事件發生時，公司總是努力做到比該做的還多。他說，在每次事件中，「我希望我們做的，比大家覺得我們該做的還多。我想，在多數情況下，大家會說我們有做到這點。」

Airbnb 面對這些引發熱議的新聞事件時，最常強調的說法是這些事件很罕見。Airbnb 指出，2015 年透過 Airbnb 住民宿的客人有四千萬人，導致一千美元以上損

失的破壞事件僅 0.002％。夏皮洛表示：「我們希望比例低到 0.000％，沒有那個 0.002％，但是就整體脈絡來說，那是重要的統計數據。」他的任務是在事件發生時，管控媒體掀起的效應。（如果你覺得他的工作聽起來壓力很大的話，夏皮洛之前在歐巴馬任內擔任白宮新聞處的副發言人，曾任中央情報局的副參謀長）。截至 2016 年初，Airbnb 累計的訂房數高達 1.23 億個夜晚，有問題的比例不到 1％。

當然，旅館也經常發生這種倒楣事，只不過旅館的犯罪和安全數據很難找到。一些專家估計，大城市的旅館可能天天都有犯罪發生，最一般的是竊盜案。美國司法統計局的《全國犯罪受害者調查》顯示，2004 年到 2008 年，全國暴力受害事件中，有 0.1％ 發生在旅館；財產受損事件中，有 0.3％ 發生在旅館。

這些統計數據無法拿來比較，但旅遊新聞網站 Skift 共同創辦人兼總編傑森·克蘭皮（Jason Clampet）表示，他們的網站不刊登 Airbnb 租屋發生的壞事，因為他在新聞供稿中也常看到旅館發生類似的事件。但他也指出，這些事件還是可能對 Airbnb 造成嚴重的公關傷害，影響房東上 Airbnb 刊登房源的意願。「當你的公司是以他人的資產來營運時，這是你面臨的一大挑戰。」

安全第一

　　壞事可能發生，這也是 Airbnb 草創時期嚇跑一堆投資人的一大因素。提摩西・費里斯（Tim Ferriss）最近在播客中訪問了創投業者克里斯・薩卡（Chris Sacca）[38]，薩卡記得當初他放棄投資以前，曾對 Airbnb 的創辦人說：「可能會有人在民宿裡遭到強暴或喪命，到時候你們都脫離不了關係。」薩卡說那是 2009 年的事了，當時 Airbnb 把重心放在房東也在現場的民宿出租，所以「那種最糟的情境一直在我的腦中揮之不去」。不投資 Airbnb 的決定，使他的基金少賺了數億美元。他後來說：「我完全沒考慮到更大的機會，後來證明我為此付出了很大的代價。」事實上，2011 年的 EJ 危機差點就把 Airbnb 拖垮了，因為那件事應驗了每個潛在用戶的最大夢魘，也使投資人擔心這家新公司好不容易累積的用戶群可能會對它完全失去信任。

　　事實上，對 Airbnb 的發展來說，那幾週的危機管理是極大的關鍵。老員工都還記得，當時整個團隊在辦公室裡打地鋪好幾天。那次危機不僅促使 Airbnb 設立房東保障金計畫、全天候熱線電話等新工具，也促使他們設立「信任與安全保障部」，有點類似客服團隊的部

門，但主要是處理安全議題及回應緊急事件。

　　如今，信任與安全保障部團隊有二百五十人，分布於俄勒岡州的波特蘭、都柏林、新加坡等三個作業中心。部門又進一步細分成營運團隊、執法聯繫團隊、產品團隊。在這個架構下，社群防衛小組會主動發掘可疑的活動，對訂房進行抽檢，以及尋找詐騙或犯罪的可疑跡象。社群反應小組是處理用戶申訴的議題。產品團隊裡有資料科學家和工程師，資料科學家會設計行為模型，協助判斷某種訂房是否比較容易被用來舉辦派對或犯罪，並針對每次訂房給予可信度評分（類似財務上的信用評分）。工程師則是運用機器學習，開發訂房分析工具，協助偵察風險。另外，還有危機管理及受害者保護專家（協助介入處理以避免案情加溫）、保險專家（負責分析求償案）、銀行和網路安全的領域專家（偵察付款詐騙）。

　　發生問題時，他們會將問題分級編碼，從一級到四級：一級是付款詐騙、信用卡盜刷或退款問題（多數情況下，受害者是 Airbnb）；四級是房東或房客的人身安全受到威脅的狀況。他們有一套分類系統可以把案件盡快轉給適合的人員處理。一旦案子進入處理程序，Airbnb 的執法參與小組（law-enforcement engagement team）就會和在地的執法單位合作調查，另外有一個政策小組負責制定因應的標準程序。

另外，他們也在產品中內建一些能避免問題發生的功能，例如 Airbnb 創辦人一開始就設立的評價系統，目前仍是最有效的聲譽評估工具之一（旅客為租屋付費後，才能填寫評價，所以房東不可能要求朋友寫幾則好評來塑造有利自己的形象）。在美國，Airbnb 會對所有的用戶進行背景審查，2013 年又推出「已驗證身分」（Verified ID）功能（亦即加強版的驗證流程，包含較嚴格的身分證明，並確認這個人的線上身分與離線身分對得起來）。房東或房客都可以選擇只和有「已驗證身分」的用戶往來。在房東接受某房客以及房客完成訂房以前，系統不會透露電話和住址之類的個人資訊，以免雙方離開網站，私下完成訂房程序。

另外，還有一群顧問組成的信任諮詢委員會，成員包括聯邦緊急事務管理署（FEMA）的前副署長、美國國土安全部的前副部長、美國特勤局的前特勤人員、Facebook 的安全主管、Google 的頂尖網路安全專家，以及一位預防與處理家庭暴力的專家。委員會每季開會一次，討論讓 Airbnb 更有效防範事故發生的方法。

但即使有這些措施，Airbnb 仍有不少改進空間。我

們不知道「絨毛」究竟是如何通過 ID 驗證流程，Airbnb 的代表應該更早聯絡羅芙琳表達關切，並溫和地解釋為什麼 Airbnb 不直接對惡質用戶提告，而是交由執法機關處理。羅芙琳打電話到 Airbnb 的緊急熱線求助時，Airbnb 也不該讓她苦等十五分鐘，更不該讓她花了四十五分鐘才在 Airbnb 的網站上找到緊急求助電話。

在 Airbnb 的網站上尋找客服人員或緊急電話，確實是一件令人又氣又急的事，因為至少在本書撰稿之際，網站上依然找不到那些聯絡資訊。夏皮洛表示 Airbnb 那樣做的原因：萬一真的發生攸關生死的緊急事件時，當事人馬上打 119 求助，是較好也較安全的做法。他表示，在 Google 搜尋 Airbnb 的電話時，就可以馬上查到電話。Airbnb 也有團隊隨時追蹤 Twitter 和 Facebook 上的抱怨訊息。以前 Airbnb 曾在網站上放過電話號碼，現在他們正在建構可立即接聽非緊急來電的系統，系統建構好之後，他們會把電話號碼放回網站。但目前，他們把電話搜尋一律導回線上說明中心。

無心之過，誰該負責？

有人心懷惡意是一回事，但民宿因安全問題而導致

意外時，又是另一回事了。如果意外不是有人刻意造成的，該怎麼處理呢？2015 年 11 月，洛杉磯作家扎克·史東（Zak Stone）在網誌《Medium》上發表一篇令人揪心的文章，談及他們全家去德州奧斯汀度假時，透過 Airbnb 住進一間民宿，但他的父親不幸在民宿中發生意外身亡 [39]。他的父親在民宿的後院盪鞦韆，鞦韆懸掛在樹枝上，樹枝突然斷成兩截，擊中他的頭部，導致腦部嚴重受創而死亡。史東在網誌中詳盡地描述了事發當時的可怕細節，在同一篇文章中，他也提到另一宗與 Airbnb 有關的死亡事件：2013 年，一位加拿大女性到台灣旅遊時，透過 Airbnb 住進民宿，但因為熱水器一氧化碳外洩，導致她中毒死在民宿中 [40]。這兩起意外事故都潛藏著風險：台灣的那一間公寓並沒有加裝一氧化碳偵測器；史東也寫道，他們後來發現奧斯汀那一家民宿後院的樹木已經枯死兩年了。

從法律觀點來看，Airbnb 聲稱他們在這類事故中沒有法律責任，他們在網站上已清楚列出免責聲明：「請注意，Airbnb 無法掌控房東的行為，故不承擔任何責任。房東無法履行責任時，可能導致停權或強制離開 Airbnb 網站。」但是萬一發生這類事故，誰來承擔費用？多數屋主的保險並未涵蓋商業活動（有些例外），

而多數保險公司也認為在 Airbnb 上出租房間屬於商業活動。以史東的例子來說，奧斯汀的屋主買的保險正好有涵蓋商業活動，所以史東和保險公司達成了求償協議。至於那位加拿大女性的例子，史東寫道 Airbnb 賠償家屬兩百萬美元（但 Airbnb 拒絕對此案件發表評論）。

切斯基表示，這些事件對 Airbnb 來說都令人心碎。「我把這些事視同己任，我一心想打造出一個更好的世界，讓大家過得更好，我對此充滿理想。任何事情與這個理想背道而馳時，都令我相當難過，更何況是發生意外……那更是令人悲痛。」他表示，Airbnb 正努力學習如何從每次經驗中記取教訓。「我們有責任學習把一切事情做好，讓憾事不再發生。」

我訪問史東，談及他父親的不幸遭遇。他表示：「我覺得最後的癥結在於『哪些事情是可預防的』，我認為這件事是可以預防的。」他說，那位房東刻意刊出鞦韆的照片來宣傳他的房源，他也認為 Airbnb 應該有能力看出那樣的問題，並篩檢出風險較高的房源，他說：「我會主張 Airbnb 在接納新房源時，應該採取更謹慎的方式。」他也強調他累積了許多 Airbnb 的正面經驗，所以他的觀點是出自用戶的忠實心聲。「我二十九歲，在新

創公司上班，很多朋友是 Airbnb 的房東，他們靠出租
紐約的公寓來賺取兩倍的房租，因此得以投入藝術創作
及旅行。」他說：「但是跟那些用來推銷 Airbnb 平台的
正面經驗相比，我自己的慘痛經歷即使沒有比較重要，
至少也一樣重要。」

2014 年，Airbnb 開始為所有房東提供一百萬美元
的間接責任險——也就是說，如果房東的保險公司拒絕
求償，Airbnb 的保險政策就會生效。一年後，Airbnb 把
間接責任險改為直接責任險。第三方就人身傷害或財產
損失提出索賠時，即使房東的住家保險沒有涵蓋商業活
動，或甚至房東沒有投保任何住家或租屋保險，Airbnb
位於二十幾國的房東可以自動獲得房東保障險。

現場安全議題一直是旅館業緊咬 Airbnb 及其他短
租活動的缺陷。旅館業者必須在防火、食品、健康安全
方面遵守嚴格的安全規範，並符合〈美國身心障礙法〉
（Americans with Disabilities Act）等諸多法令規定，但
Airbnb 與所有的住家出租網站都不受規範。Airbnb 在
「房東義務」方面，建議房東確保屋內安裝正常運作的
煙霧警報器、一氧化碳偵測器、滅火器和急救箱，並修
繕任何外露的電線，清除可能導致房客絆倒或跌落的路
障，移除危險物品。但是依賴房東**確實做到**，並非

Airbnb 所能掌控的。

　　旅館當然也可能發生各種意外。例如，2013 年《今日美國》的調查顯示，過去三年間，有 8 人在旅館內死亡，170 人因一氧化碳中毒而送醫 [41]。那篇報導中，一位旅館業顧問表示，對旅館來說，相對於一氧化碳中毒的風險，在每間客房裡裝設一氧化碳偵測器的成本太高了。一份更早的研究顯示，1989 年至 2004 年間，美國的一般旅館和汽車旅館共發生 68 起一氧化碳中毒意外，導致 27 人死亡，772 人意外中毒 [42]。美國消防協會的資料顯示，2009 年到 2013 年間，一般旅館和汽車旅館平均一年發生 3520 次失火意外，造成 9 人死亡 [43]。

　　就某種程度來說，不管在任何時候，我們踏入別人的住家，都是一種冒險，但至少房客知道發生問題時該找誰負責，該跟誰申訴，如果是待在喜來登飯店裡發生意外，至少還能控告業者。但是在蓬勃發展的民宿新世界裡，房客只能自求多福，因為提供產品的公司，對產品本身或可能發生的意外都無法掌控。夏皮洛說：「希望意外永遠不會發生，那是不可能的。我們面對的是陌生人踏進別人的住家，你無法預測任何人的行為。我們只能盡可能做到最好，我覺得我們目前的做法是大家有目共睹的。」

Airbnb 平台的規模已成長到如此龐大，但意外發生的次數並未增加，或許這可以顯示他們確實值得信任。有些人也說，我們對共享經濟的新世界可能尚在調整預期的階段。紐約大學的桑達拉拉揚指出：「基本上，這種商業模式無法提供跟旅館、租車公司或計程車業一樣的保障，我們一定會做出取捨。所以面對共享經濟時，我們也會開始做出不同的取捨。」

有些信任嚴重受損的受害者似乎也支持這個論點。卡加利市的金恩先生在住家遭到徹底毀損並重新修繕後表示，他們遇到的狀況是「數百萬分之一的機率」，他也說：「那並沒有讓我們對 Airbnb 反感。」2014 年頂層公寓遭到毀損的芭西尼也繼續使用 Airbnb 出租公寓，而且累積了很多正面評價。

意料之外的歧視與不平等

Airbnb 花很多時間改善信任和安全機制，因為公司創辦人從一開始就知道住民宿一定有風險，他們知道想辦法降低風險是吸引大家使用平台的關鍵。但他們沒有料到的是，還有一種常見的不良行為：種族歧視。

2011 年，哈佛商學院企管助理教授邁克‧盧卡

（Michael Luca）開始研究線上市集。這些年來，線上市集逐漸從以前的匿名平台（例如 eBay、Amazon、Priceline），轉變成迅速成長的共享經濟平台，而且用戶的身分日益重要。盧卡對於這種轉變深感好奇，尤其他看到後來出現的新平台大量運用個資和相片來培養信任時，對這種做法特別感興趣。那些工具雖然有助於達成一些不錯的目標（例如培養信任及責任感），但他也懷疑那些工具同時製造了意想不到的後果：促進歧視。於是，他和研究團隊到 Airbnb 網站上做實驗（Airbnb 是這類平台中規模最大，而且又要求用戶貼出大張照片）。結果發現，即使住宿地點和品質相當，非黑人房東的收費可以比黑人房東多 12％左右。此外，當民宿地點不佳時，黑人房東必須降價的幅度也比非黑人多 [44]。

　　妙的是，這篇研究於 2014 年首度發表時，並未引起關注。但後來媒體披露後，Airbnb 馬上質疑研究已有兩年之久，Airbnb 在三萬五千個城市都有營運，該研究卻只挑一個城市做實驗。Airbnb 也說，研究人員在收集資料時，做了「主觀或不準確的判斷」。於是，盧卡和團隊在兩年後又做了一次研究，這次他們只比較黑人房客和白人房客的訂房接受率 [45]。他們建立了二十個房客檔案，其中十人「有明顯的黑人姓名」，另十人「有明

顯的白人姓名」，個人檔案上的其他特質都完全一樣。
他們向五個城市的多位房東發出六千四百封訊息，詢問
未來兩個月的某週末能否訂房。結果應證了他們的懷
疑：有黑人姓名的房客獲得接納的比率，比白人姓名的
房客低了 16%。其他的因素都維持不變時（例如房東的
種族或性別、房價、共用住屋或整棟出租），差異依然
存在。研究人員寫道：「整體來說，我們發現房東普遍
歧視有明顯黑人姓名的房客。」

研究人員之所以鎖定 Airbnb，是因為 Airbnb 是共
享經濟的「典型」案例。但他們也提到，之前的研究發
現，Craigslist.com 等其他線上出租網站也有類似的現
象。「如今有一小部分、但逐漸增加的文獻顯示，網路
平台上確實有種族歧視現象。我們的研究結果為這些文
獻增添了新頁，我們也認為這種現象可能加劇。」

這次研究吸引了較多的關注。幾個月後，全國公共
廣播電台（NPR）在某集節目中探討這項研究，整個議
題突然開始受到大量關注。2016 年 4 月，一段節目鎖定
芝加哥的非裔商業顧問奎提娜・克林騰登（Quirtina
Crittenden）的經歷。她在廣播節目中透露，她用本名
上 Airbnb 租屋時常被拒絕，但只要改名為提娜
（Tina），並把大頭照改成風景照，就不會被拒[46]。她在

Twitter 上發起 #Airbnbwhileblack（黑人遇上 Airbnb）的標籤，引起了廣泛的討論。

克林騰登的故事在交通尖峰時段播出，有數百萬名聽眾收聽。節目播出後，整件事瞬間爆紅，並吸引了更多的後續報導。Twitter 上也擁入大量帶有 #AirbnbWhileBlack 標籤的推文，很多人紛紛上 Twitter 分享類似的故事。

幾週後，二十五歲住在華盛頓特區的黑人雷瑞戈里・塞爾登（Gregory Selden）對 Airbnb 提告，聲稱費城的房東原本拒絕他的訂房要求，但後來他改用兩個偽造的白人檔案訂房時，就被接受。在那起訴訟案中，他聲稱 Airbnb 違反民權法案，而且不回應他的投訴。塞爾登說，他拿偽造身分的訂房結果去質疑那位房東時，房東甚至回他：「像你這種人根本是自己害自己。」

幾週後，一名黑人女性想在北卡羅來納州的夏洛特市訂房，房東答應她了，但後來又取消她的訂房，還發一封內文充滿了髒話的訊息給她，房東寫道：「我就是討厭『歧視黑人的稱呼』，所以我要取消妳的訂房。親愛的，這裡是南方，你們滾去別的地方吧。[47]」

這時種族歧視的爭議已經全面爆發，Airbnb 迅速發表聲明表示，他們對此感到「驚駭」，並向所有的用戶

證實，這種言語和行徑已經違反公司政策，也違背「我們相信的一切」。翌口，切斯基發出一則措辭強烈的推文：「北卡羅來納州發生的事件令人不安，也無法接受，Airbnb 不容許種族主義和歧視存在，那位房東已遭到終身停權。」後續幾週，切斯基一再公開表示，對於如何把這個議題處理得更好，Airbnb 想要、也需要大家的協助和意見。Airbnb 強調：「我們沒有一切的答案。」所以他們想廣徵各方意見，也會主動徵詢各界專家。他們想傳達的主旨是：種族偏見是我們共同的問題，Airbnb 也需要你的幫助。那週稍後，市場上出現了兩家新創公司，分別叫做「Noirbnb」（黑色民宿）和「Innclusive」（包容民宿），是專為有色人種設立的住宿平台。

歧視是歸屬感最大的敵人

　　隨著爭議持續加溫，Airbnb 啟動為期九十天由上而下的徹底檢討，思考如何處理這個議題，並請來前司法部長艾力克・霍德（Eric Holder）、美國公民自由聯盟（ACLU）的前立法主任蘿拉・墨菲（Laura Murphy）等外部專家來幫忙。幾個月後，Airbnb 發表一份 32 頁的報告，宣布他們根據專家的建議，即將推動大幅度改

變，包括[48]：Airbnb 很快就會要求想使用其平台的人簽署「社群承諾書」，承諾遵守新的反歧視政策。它提出一項政策名叫「門戶開放方針」（Open Doors），保證幫受歧視的房客在 Airbnb 或其他地方找到類似的租屋地點，而且溯及既往。Airbnb 也表示他們會成立新的產品小組，專門對抗種族歧視；該小組也會進行實驗，測試減少用戶照片的明顯度及更加重視評價的效果。Airbnb 也把「即時預訂」（Instant Book）的房源（亦即房客不需要獲得房東的批准即可訂房）從五十五萬個增為一百萬個，並承諾為房東提供無意識偏見的訓練，成立一個專家小組，協助落實這些政策及處理投訴。「很遺憾，我們太慢處理這些問題。對此我感到非常抱歉，」切斯基寫道：「我願意為社群成員因此承受的痛苦或失落負起責任。」

黑人社群的領袖對於 Airbnb 的改變表示肯定，黑人國會議員連線（Congressional Black Caucus）稱之為「科技業的典範」。不過，有些人認為改變仍不夠多，例如密蘇里大學堪薩斯分校的法學副教授潔米拉‧傑佛森－瓊斯（Jamila Jefferson-Jones）認為，Airbnb 應該完全移除個人檔案照。她也指出，這個議題也引發了其他重要問題，例如平台業者和住宿供應者之間的法律分野

該如何劃分（目前尚未在法庭上測試過）；相較於
Airbnb 的「自我規範」，我們可能更需要制定新的法
律。不過，透過法院解決這個議題已經證實很困難：針
對塞爾登的提告，Airbnb 申請強制仲裁，因為他跟所有
的用戶一樣，當初簽署公司的服務協議時，就已經同意
服務條款中的強制性仲裁——意指他已經放棄為了使用
服務而對公司提告的權利。2016 年 11 月初，法官判定
那條仲裁規定使他無法對 Airbnb 提告。

　　哈佛教授盧卡指出，Airbnb 的「反歧視」改變是
「被動因應」，他表示：「我的確覺得 Airbnb 裡沒有人的
本意是為了促進歧視。」但他也覺得 Airbnb 太專注於成
長了。

　　法律上，這個議題很模糊。旅館業者必須遵守民權
法的規定，但 Airbnb 是經營平台，不是大眾住宿的供
應者，它和用戶之間維持一定的法律距離。它把遵守在
地法規的責任交由個人去負擔，但 1964 年《民權法》
不適用於出租自家房間不超過五房的人。所以，根據聯
邦法律（地方法律可能不同），房東不僅可以因仇恨而
拒絕出租，也可以用各種理由拒絕出租，例如房東可以
拒絕出租給吸菸者，或是拒絕出租給想辦單身派對的
人，或是帶幼童一起入住的家庭。我為本書進行研究的

179

期間，聽說有一位房東只出租給中國遊客，因為他覺得那是相當龐大的市場，而且這個群體「肯付高價」。我也聽說另一位房東只租給東方人，因為他覺得東方人都很「客氣、安靜、不會製造麻煩」。

　　但無論是否合法，無論 Airbnb 是否有錯，種族歧視對 Airbnb 來說都是一大危機。友好善待他人不是隨口說說而已，它不像多芬香皂（Dove）表面上是塑造健康的身體形象，實際上是在賣肥皂，也不像運動服飾品牌 Lululemon 表面上強調社群，實際上是在賣衣服。Airbnb 的賣點就是殷情款待與接納，它整個品牌和使命就是以「歸屬感」為基礎。相對於歸屬感，歧視可說是最極端的反差。在這項爭議爆發之際，切斯基正好參與《財星》腦力激盪科技大會，他在台上受訪時表示：「對多數公司來說，歧視可能是次要議題。但我們的使命是讓人聚在一起，歧視對我們的使命來說是很大的阻礙。如果我們只是去『處理議題』，那可能無法達成使命。[49]」

　　而這個議題的罪魁禍首，是構成 Airbnb 社群核心的一大元素：用戶的線上照片和個人檔案資料。誠如哈佛研究人員所說的：「雖然相片是幫 Airbnb 塑造人性化平台的工具，卻也輕易帶出了人性最糟的一面。」研究人員寫道，歧視顯示「看似稀鬆平常的信任培養機制，

可能造成意想不到的嚴重後果」。

在《財星》主辦的那場科技大會上，切斯基表示，Airbnb 之所以太慢處理這個議題，可能是因為他們太堅持利用照片和身分來保障大家的安全，而忽略了如此公開身分可能導致意想不到的後果，他說：「我們一時大意。」他也補充提到，另一個原因是，他和創辦人一起打造平台時，沒有想那麼多，因為他們本身就是「三個白人」。「我們設計這個平台時，沒有考慮到的事有很多，」切斯基說：「所以我們的很多做法都需要被重新評估。」

第 5 章

從雲端平台走入每個城市的挑戰
每個新創市場，都要解決衝撞現存規範與既得利益的問題

> 「早睡早起，拼命投入，動員所有人。」
> ——Airbnb 全球公共政策長克里斯‧勒涵

2010 年春天，有一天切斯基接到紐約市一位房東的電話。「他說：『紐約正要通過一條法案，你應該要趕緊關注一下。』」切斯基回憶道：「我回他：『告訴我是怎麼回事。』」切斯基說他根本不知道那個房東在講什麼法律，而且他也對市府和城市政治一無所知，毫無交手經驗。有人建議他趕快找人代表公司，雇用說客（lobbyist）接觸法案相關議員。切斯基說：「當時我連說客是什麼都不知道。」他愈聽愈覺得奇怪：「所以我無法直接找那些人講話，必須雇用別人去跟那些人溝通？

我腦中第一個冒出的想法是，這也太瘋狂了吧？他們不想跟我談，所以我要請人去跟他們談？好吧。」於是，Airbnb 雇用紐約知名的遊說公司博爾頓－聖約翰（Bolton–St. Johns），但他們所剩的時間不多：法案可能在幾個月內就通過，切斯基說：「我們必須馬上惡補。」

後來，那個密集惡補課程變成了一場長達數年的學習歷程，他們因此熟悉了地方政治的來龍去脈，以及地方政治背後的強大勢力，而且不只紐約市，世界各地的數十個城市也有同樣問題，這也成了 Airbnb 創業以來最大的成長阻力。他們發現，Airbnb 的核心活動（短期出租住家）在很多地方都違反了當地現有法律。那些法律都明顯地在地化，不只各州、各城市的法律不同，連每個城鎮的法律也不相同。而且，相關的法規細節極其複雜，房東可能違反短租、稅賦、建築、都市計畫分區等等地方法律。

Airbnb 在許多市場和主管機關合作修法，以便合法營運。多年來已和倫敦、巴黎、阿姆斯特丹、芝加哥、波特蘭、丹佛、費城、聖荷西、上海等城市達成重要協議，放寬現行規定、制定新法與稅制。Airbnb 也不斷積極拜會更多市政當局，進行同樣的協商。

但有些地方堅持不肯讓步。在少數幾個特別熱門的

市場，主管機關和立法人員立場特別堅定，例如紐約、舊金山、柏林、巴塞隆納。這些年來，隨著 Airbnb 的規模愈大，反對的聲浪也愈來愈強（那些法律對 HomeAway、VRBO 等短租平台也同樣有約束力，那些公司也面臨同樣的法律抗爭，只是他們不像 Airbnb 遍及那麼多城市，或成長得那麼迅速。）

紐約市可以算是反對聲浪最大的地方。紐約市是 Airbnb 在美國最大的市場，每年紐約市的房東為 Airbnb 帶進約 4.5 億美元的營收。2010 年的法律之爭可說是一段漫長抗爭的起點，Airbnb 努力爭取法規許可的過程中，歷經許多曲折，而且因為堅持繼續營運，也激怒了許多立法者以及在地旅館業者和房地產業者。2016 年底，紐約州的州長安德魯·庫默（Andrew Cuomo）簽署實施一條法令，禁止房東不在場時以少於三十天的租期出租公寓——那等於禁止 Airbnb 在紐約的絕大多數生意。Airbnb 馬上對紐約市和紐約州提出訴訟，後來以合解收場，但那次對抗對 Airbnb 最熱門的市場造成了很大的影響。

Airbnb 在紐約遇到的經驗，可以說是創新觀念與科技威脅到現況與既有產業的典型例子。政治現實不見得能跟上新創公司的驚人成長曲線。此外，Airbnb 的例子

也突顯出房屋引發的深刻情感議題。Airbnb 在紐約和其
他地方的抗爭也造成民主黨黨內意見不合、讓一群原本
不相關的陌生人因此團結起來反對 Airbnb、也讓人開始
分不清楚，究竟誰才是小蝦米、誰才是大鯨魚。

　　紐約市的空屋率僅 3.4% 左右，是美國住房短缺最
嚴重的城市之一。紐約市也是美國旅館業獲利最好的市
場，更是美國少數勞動生產力蓬勃的城市。說到混亂激
烈的城市政治，紐約市可說是全美之冠。所以就像在紐
約這個大蘋果發生的許多事情一樣，Airbnb 在紐約要打
的仗，也比其他地方更大、更難、更戲劇性。

　　2010 年初切斯基接到的那通電話，是有關《多戶住
宅法》（*Multiple Dwelling Law*）的新修正案，將導致紐
約的房東不在家時，不能以少於三十天的租期，出租建
築內有三戶以上的公寓。其實這種短租已經違反多數合
作公寓（co-op）和產權公寓（condo）的公約，但修正
法案一旦通過，就會變成州法律。修正案是由民主黨參
議員麗茲・克魯格（Liz Krueger）提出，主要是針對那
些刻意把長租公寓改建成短租隔間，以違法方式經營旅
館生意的房東。

　　這類型短租民宿的做法已有數十年歷史，網路的出
現使房東更容易以極少的成本做宣傳。在紐約市，連最

小、最寒酸的小套房一晚都可以叫價三位數美金，而且空房率極低，所以房東、屋主和一些精明的創業者都湧向網路（包括 Craigslist、HomeAway，或是 IStay New York 之類的在地營運商，或是以各地語言鎖定各國旅客的無名網站），以便以更有效率的方式，向世界各地的旅人推銷紐約市的住宿空間。Airbnb 並不是該法案鎖定的目標，2010 年紐約很少議員聽過這家奇怪的加州新創企業，所以即使 Airbnb 號召數百位紐約市的房東寫信給州長庫默，修正案依然通過了。

不過，隨著 Airbnb 的規模愈來愈大，局勢也開始改變。讓 Airbnb 得以迅速擴張的一切條件，在紐約顯得特別成熟，例如經濟大衰退、租金貴得嚇人、租屋者和千禧世代人數大增（這兩個族群最容易接納 Airbnb）。從 2010 年到 2011 年，Airbnb 的訂房數直逼一百萬時，紐約也成為 Airbnb 規模最大的市場之一。不過，2012 年，Airbnb 開始感覺到他們在紐約有不受歡迎的跡象。Airbnb 的商務及法務長強森回憶道：「我們開始聽到一些傳言，說有關當局要開始取締我們的房東。」強森當時才剛加入 Airbnb 擔任法務長。

那年九月，根據《紐約時報》報導，一名三十歲的網頁設計師奈傑・沃倫（Nigel Warren）要去科羅拉多

幾天，於是透過 Airbnb 出租他位於紐約東村的公寓房間。公寓是沃倫和室友合租，在室友同意下，他把自己的房間以每晚 100 美元的價格出租，也迅速接到一位俄羅斯女性訂房。但沃倫度假結束回家後，發現紐約市的特別執法處（Office of Special Enforcement，調查生活品質投訴的跨部門專案小組）來過公寓，並開了三張罰單給沃倫的房東，罰款總計高達四萬美元[50]。

案情在細節上又經過一些轉折，幾個月後，法官仍判定沃倫違反法規，對他的房東開罰 2400 美元。Airbnb 得知此案後介入干預，替沃倫上訴，並主張他是出租家中的一個房間，不是整層公寓，所以並未違法。2013 年九月，紐約市環境管理委員會（Environmental Control Board）推翻了法官的判決。

Airbnb 開心慶祝翻案成功，當時 Airbnb 的政策負責人大衛・漢特曼（David Hantman）還稱之為一場「大勝利」。雖然最後的判決澄清，法律允許公寓住戶在居民在場時出租房間，但該個案不見得有足夠的代表性。紐約市透過 Airbnb 出租空間的人，有一半以上是出租整層公寓。沃倫的個案是出租共享公寓，那種情況和多數房東並沒有太大的關聯。然而，反對 Airbnb 的聲勢漸長，希望法規可以約束房東。Airbnb 在紐約的抗

爭才剛開始。

　　後來，反對 Airbnb 的勢力逐漸組成聯盟，包括民選官員、爭取平價居住權的團體、旅館工會和旅館業代表。這些人當時反對 Airbnb 的主張和現在一樣：Airbnb 帶來的流量影響了社區的生活品質，當地人不想看到短暫停留的旅客在他們住的建築裡來來去去。讓陌生人進出住宅大樓，加上大樓並沒有符合傳統旅館法規的規定，可能會製造安全議題。或許最重要的是，他們認為，那些專做 Airbnb 短租生意的房源增加（所謂的非法旅館），也導致平價住房減少。這在已經出現平價住房危機的市場上，只會導致房價愈來愈高。

　　2013 年秋季，出現了更大的打擊。紐約州檢察長施耐德曼（Eric Schneiderman）對 Airbnb 發出傳票，說他正在追查非法旅館，要求 Airbnb 提供紐約市一萬五千多名房東的交易記錄。對此，Airbnb 罕見地回應，表示拒絕傳喚，並向法院申請駁回檢查長的要求，因為要求的資料過於廣泛，也侵犯客戶隱私。翌年 5 月，法官同意 Airbnb 的申請，但施耐德曼再度提出簡化的版本，要求 Airbnb 提供網站上的大型房東資訊就好。一週後，Airbnb 和檢察長辦公室聯合宣布達成某種「和解」：Airbnb 將匿名提供近五十萬筆 2010 年到 2014 年年中的

交易資料。

後來檢察長發表了一份報告。報告中指出，Airbnb 的紐約「私人」房源中，有 72％違反州法律。該報告也指出，雖然 94％的房東只有一兩個房源，但 6％的房東是所謂的「商業房東」（亦即透過 Airbnb 刊登三個以上的房源），他們就占了三分之一以上的訂房和營收。有一百位房東有十個以上的房源，前十幾大房東擁有從 9 到 272 個不等的房源，每位房東的年收入超過一百萬美元。最大的房東有 272 個房源，年營收高達 680 萬美元 [51]。

其實這些非法商業活動都不是什麼新鮮事。畢竟，根據 2010 年的法律，出租整層公寓，在紐約本來就是違法的（建築內不到三戶的個案除外）。當時和現在都有數千名房東和房客不知道有這條法律，或是刻意忽視法律。這份報告是外界第一次取得 Airbnb 的資料，它真正透露的新資訊是：大家終於知道紐約商業房東的活動規模有多大了。那份報告也呼應了更早的一些研究結果：少部分房東占有 Airbnb 在紐約的大多數生意。Airbnb 後來表示，那些資料既不完整，也已過時，並強調紐約現行法規不明確，他們願意和市府當局合作制定新法規，以阻止不肖之徒濫用系統，同時落實「明確、公平的住家共享規則」。

平台濫用者

在紐約及其他地方，Airbnb 一直都面臨出租多房的房東與商業房源的問題。Airbnb 的理想是營造一個讓一般人能敞開家門與陌生人分享的世界，無論房東是否在現場，都能為陌生的旅人提供特別的旅行方式。但無論 Airbnb 喜不喜歡，它確實提供了一個明顯的套利機會——短租每年的租金收入可能是長租的兩倍。多年來，很多人紛紛投入短租市場，搶賺這個商機，包括物業經理、房地產巨擘、小資創業者等等。Airbnb 一再強調他們不想看到這些行為，也採取行動根除這些專業經營者，但他們並未公開這方面的資料，所以對手就能用自己的估算來填補那些未公開的資料空缺。2015 年，資料業者 Airdna 發表的報告寫道：「Airbnb 的租屋營收仍是一大未解之謎，有如尼斯湖水怪或傳說中的美洲吸血動物卓柏卡布拉（chupacabra）。」Airdna 屬於從 Airbnb 的網站「採集」資料，製作資料分析報告的眾多獨立資料廠商之一 [52]。

早期 Airbnb 在紐約市的營運確實吸引了一群問題用戶，其中規模最大的一個就是陳家源（Robert Chan），他是暱稱 Toshi 的派對經營者，透過 Airbnb 及

其他網站在曼哈頓和布魯克林區的五十棟住宅大樓內，經營兩百多間非法短租公寓。他以高於市價的租金向房東租下許多空間，再把那些空間改裝成短租房間。

紐約市最後對陳家源提告，並於 2013 年 11 月以一百萬美元達成和解 [53]，但其他的商業房東仍持續使用 Airbnb 平台。2014 年秋季，Gothamist 網站貼出一段影片，拍到一間位於曼哈頓默里丘（Murray Hill）的兩房公寓中放了二十二張床墊 [54]。一對租屋客承租了皇后區艾姆赫斯特（Elmhurst）一棟聯排別墅的頂層三房公寓，再以石膏板把每個房間隔成三個小房間，放上 Airbnb 出租，每個小房間一晚租金 35 美元 [55]。紐約和其他地方都有很多屋主趕走這類房客的故事，這種房客通常把租來的空間加以改造，試圖靠短租大賺一筆。

2014 年，Airbnb 開始以動員房東的策略對抗反對勢力，後來那個策略變成他們的主要模式。州檢察長施耐德曼對 Airbnb 發出傳票後，Airbnb 的全球社群長艾特金馬上和一位紐約市房東合寫請願書，呼籲紐約的立法機關改變所謂的「惡房東法」（slumlord law）。他們說，那條法律並未區分商業房東和偶爾出租住家空間的一般人。Airbnb 聘請民主黨資深策略家比爾‧艾爾斯（Bill Hyers）策劃及推動耗資數百萬美元的大眾宣傳活

動。艾爾斯是丘頂公共方案公司（Hilltop Public Solutions）合夥人，曾為紐約市長白思豪（Bill de Blasio）的市長選戰操盤。這次的宣傳活動只鎖定一個訊息：Airbnb 是紐約中產階級的幫手。宣傳活動的最大特色是一支名叫〈認識卡蘿〉（Meet Carol）的電視廣告。廣告中的主角是一位住在曼哈頓下城公寓三十四年的非裔單親媽媽。因為失業，她開始上 Airbnb 出租家中空間。在廣告的慢動作鏡頭下，陽光從窗外灑進屋內，卡蘿為床鋪換上乾淨的新床單，為餐桌邊笑容滿面的房客煎著煎餅。在廣告的最後，卡蘿說：「我的房東檔案上寫著：『征服世界，先從一片煎餅開始。』」[56]

　　往後幾年，「中產階級幫手」成了 Airbnb 對抗全球監管機制的口號：Airbnb 助一般老百姓一臂之力。Airbnb 表示，他們提供機會讓長期住戶運用「住家」這個生活中的最大開銷，來賺取額外收入，貼補家用。Airbnb 認為他們的營運有助於提升城市的觀光產業，尤其是把觀光收入帶到觀光客通常不會去的地區，因為 Airbnb 的房源通常位於傳統旅館區以外的地方。Airbnb 也說，他們可以刺激在地的小型生意，以前他們通常賺不到那些觀光收入。

　　這些年來，Airbnb 發布了許多支持這個論點的報

告。2015 年的報告顯示，過去七年中，Airbnb 的美國房東收入超過 32 億美元。另一份有關紐約市的報告顯示，2014 年 Airbnb 為紐約市帶進 11.5 億美元的經濟活動，其中的 3.01 億美元是房東收入，8.44 億美元是流向紐約市的商業活動。後者之中，絕大多數是流向通常賺不到觀光收入的地區。2014 年，根據 Airbnb 的說法，它為紐約帶進 76.7 萬名旅客，其中四萬名旅客是待在布魯克林的貝德福－史蒂文生區（Bedford-Stuyvesant），他們在那裡花了 3000 萬美元。在哈林區，旅客花了 4300 萬美元。在阿斯托利亞（Astoria），花了 1060 萬美元。在南布朗克斯（South Bronx），花了 90 萬美元。（這項研究是 Airbnb 聘請 HR ＆ A 顧問公司進行。[57]）

　　然而，這些數據並未安撫 Airbnb 的反對者，他們覺得 Airbnb 導致已開始仕紳化（gentrification）的地區，加速仕紳化。2014 年夏季，紐約檢察長正在進行調查時，Airbnb 才剛結束一輪高額募資，使其估值突破一百億美元，這時有關 Airbnb 的討論開始增溫，甚至趨向危言聳聽。切斯基後來告訴我：「有一個人說：『我不希望蓋達組織的人在我住的這棟樓出沒，所以我不希望 Airbnb 來這個社區。』感覺大家愈來愈不理性，想法開始與現實脫節，我心想：『這種態度愈來愈危險、不健

康了。』所以我們決定去紐約。」

　　早期，矽谷大老給 Airbnb 的建議都是盡量低調，避免引起關注，不要樹敵。2010 年紐約剛提出那個法案時，切斯基的反應是直接反擊，但 2011 年強森加入 Airbnb 後，明顯改採和解策略，她鼓勵切斯基開始和反對者見面。切斯基說：「強森教我，不管別人有多恨我，跟他們當面談，總是比較好的方式。」於是，切斯基大舉展開「親善之旅」，親自到紐約會見那些利害關係人，包括主管機關、旅館業者、房地產業者、記者，甚至見了紐約市長白思豪。根據切斯基的說法，他們聊得非常愉快。多數情況下，面對面討論並未改變對方的立場，但至少讓對方也聽到他的想法。

　　但反對派的勢力持續增強。2014 年底，紐約市強大的旅館聯盟、反對 Airbnb 的民選官員、平價住屋維權團體、旅館業者聯合組成了名為 Share Better 的反 Airbnb 政治行動委員會。他們的第一個行動就是斥資三百萬美元的反 Airbnb 活動。

各說各話的住家共享

　　Airbnb 一向主張，他們也不樂見平台上出現企業型

牟利者，這些年來他們也努力以行動剷除那些業者。2015 年秋季，Airbnb 推出新的「社群協議」時，又強化了這方面的努力。在新的社群協議中，他們承諾與市府官員更密切地合作，尤其他們會協助市府遏制 Airbnb 的事業對平價住屋的影響[58]。Airbnb 發布了一份報告，內含 Airbnb 在紐約市營運的資料，表示他們在紐約市正走向「一個房東，一個住家」的政策。報告寫道：「我們強烈反對那些把數十戶公寓改建成非法旅館的大規模投機者。非法旅館對我們的房客、房東、公司或所在城市都沒有利益。」最近發布的 Airbnb 紐約營運報告顯示，95％的紐約房東只刊登一個房源，每個房源每年的訂房中位數是 41 晚[59]。

不過，批評者在意的不是那些商業房東的比例，而是那些商業房東創造出來的生意量（這裡所謂的商業房東不只是一人擁有多戶的房東，也包括一人只擁有一戶，但整戶專做 Airbnb 的短租生意）。多年來，不同的研究顯示，商業房東的房源占總房源的 30％，而且因定義不同，商業房東在某些市場的營收多達總營收的 40％。2016 年夏季，反 Airbnb 聯盟 Share Better 發布一份 Airbnb 的紐約活動報告，報告顯示有 8058 個房源是所謂的「商業房源」（impact listing），意即房東不只出

租一戶，每年的出租時間至少三個月，或是房東只出租一戶，但每年的出租時間至少六個月。他們說，那些房源使一般租屋市場的供給減少了 10%。[60]

　　Airbnb 一向堅稱，外界提出的資料並不精確。本書撰寫之際，Airbnb 提出的最新紐約資料顯示，多重房源的房東僅占其紐約市總房源的 15%，多重房源的房東收入僅占所有房東收入的 13%，比幾個月前的 20% 還少[61]。但批評者指出，那些資料並未顯示全貌，他們希望 Airbnb 發布匿名資料，顯示各別房東的位置和出租行為，但 Airbnb 以保護客戶隱私為由，拒絕提供。

　　切斯基表示，新聞標題忽略了 Airbnb 努力投入的很多細節。「我們真的非常關心這個議題，也正努力解決。」他堅稱，大型房地產集團不是 Airbnb 想要的房東。「如果我們做商業租賃，那 Airbnb 就沒什麼特別了。就跟旅館一樣，缺少了那份歸屬感。」

　　Airbnb 也指出，剷除商業房東並不容易。有些多重房源的出租活動是合法的，例如出租三十天以上，或是建築內出租的戶數不到三戶，這些情況並未違反《多戶住宅法》，例如布魯克林區的布朗斯通獨棟別墅（brownstones）或皇后區的聯排別墅。Airbnb 平台上也出現愈來愈多的精品旅館和民宿（最新數據是，全球約

有三十萬個這類房源）。切斯基說，有些房東會以多種
方式刊登同一間公寓，導致單一房源看起來好像有兩個
房源。他也指出，即使 Airbnb 對某個房東停權，他還
是可以換個名字，另開帳號。「我們不認識每一個人，」
切斯基說：「我們不會去訪問每個人，問他們為什麼要
那樣做。」

這也是旅館業者最在乎的議題：他們覺得非法旅館
在 Airbnb 上蓬勃發展。旅館業高階主管認為，即使
Airbnb 表面上說不想要非法旅館，但平台上還是有很多
商業房東。他們也覺得 Airbnb 有能力找出那些人，加
以取締。維傑・丹達帕尼（Vijay Dandapani）在曼哈頓
中城開了五家連鎖的蘋果核旅館（Apple Core Hotels），
他表示：「Airbnb 說：『我們無法清除他們。』這實在太
荒謬了。」丹達帕尼也是紐約市旅館協會會長，他說：
「全世界都普遍認為 Airbnb 不按規矩，而且營運也不透
明。」

很多努力檢視 Airbnb 房源組成的人則有發現，在
紐約和其他城市大規模刊登房源的商業房東，其實大多
已經離開 Airbnb 平台，有很多房東移到 Airbnb 的競爭
者。在紐約及其他市場，他們似乎已經把市場讓給了業
餘微型創業者，也就是小規模經營民宿的平凡人，他們

可能存夠錢可以買下或承租一些空間，再改建成民宿出租，或是和朋友或投資人合資經營。這些人就像是雪梨的麥肯，目前有兩個房源，正在整修第三個房源，希望幾年後可以退休當全職的 Airbnb 房東；或是住在薩凡納（Savannah）的摩根，以三棟房子經營六個房源。Airdna 創辦人史考特・夏福特（Scott Shatford）在加州聖莫尼卡經營七個房源，讓他能創立公司。夏福特說，生意好時，每年營收可達四十萬美元，他用那些收入成立了 Airdna。

　　但這些創業者往往花很多的心力掩藏自己，以不同名稱開好幾個帳號，為每個房源分別打造 Airbnb 想要及房客預期的不同風格。夏福特說：「每個人都想要非常個人化的體驗。」夏福特和其他人都說，儘管 Airbnb 的批評者可能不認同，但是要防止用戶濫用系統其實很難。他說：「任何人只要動點腦筋，就可以迴避 Airbnb 用來阻止房東管理多個房源的限制。」但主管機關仍在等待突襲時機：2016 年，加州聖塔莫尼卡通過美國最嚴格規範 Airbnb 的法令，夏福特接受訪問時，談到，新法上路後，他被控觸犯五項輕微違規。後來他和市府達成協議，付了 4500 美元罰金，之後就遷居丹佛，專心經營 Airdna 公司。

有一次，切斯基透過 Airbnb 平台訂了華盛頓特區的某處樓實聯排別墅，我到那裡訪問他。我們一邊享用外送早餐，我一邊問他對於商業房東的看法。「我覺得有關商業房東的爭議，歸結到底只和一個問題有關，就是那個城市是否有住屋短缺的問題？我覺得爭論那些房東有多商業化、經營多少房源，根本都不是重點。」

他說，從政策觀點來看，在沒有住屋短缺問題的城市裡，Airbnb 並不反對房東經營多重房源。在某些地方——他以加州與內華達州邊界上的太浩湖（Lake Tahoe）為例——市府甚至希望房產管理公司到 Airbnb 上管理房源（2015 年，Airbnb 開始在一些度假租屋市場和房產管理公司合作[62]）。那是另一種接觸度假者、把他們帶到目的地的方法。切斯基表示：「政策上，你不可能反對那種作法。」他說，但是在紐約這種有住屋短缺問題的城市裡，政策應該清楚明訂一個房東只能經營一個房源。

不過，從品牌的角度來看，這又是另一回事了。「我們的核心社群是一群普通房東，他們出租及分享自己的居住空間，我們覺得那是很特別的。」他指向我們當時所在的那間民宿，架上擺滿了書籍和小飾品。他說，如果這是專做短租生意的房東，我們不會看到那麼

多充滿人情味的裝飾。「你可以感覺到有種親近感，那是一種關懷，歸屬感，不是『服務』，而是『歸屬感』，那才是 Airbnb 的核心。」

所以，在沒有住屋短缺問題的城市，Airbnb 並不反對房東經營多重房源，他們覺得只要房東能提供良好的體驗就好。而所謂的良好體驗，是指讓住客真切體驗到被「殷情款待」的感覺。切斯基說：「我們不希望看到房地產業者為了獲利而踏入這個領域，」他說，Airbnb 的目標就像 Airbnb 旅遊長康利所說的：「以殷情款待為主，以商業為輔。」

所以 Airbnb 認為，在沒有住屋短缺的城市，應該讓雪梨的麥肯或薩凡納的摩根那樣的微型創業者繼續經營。然而，薩凡納的主管機關可不認同，他們已經對摩根開了十五張以上罰金總計五萬美元的罰單，摩根表示他不會支付。住在雪梨的麥肯也感受到法規可能愈來愈嚴的壓力。如果政府制定法律，規定一戶最多只能出租幾天，他現有的經營模式就無法繼續下去。不過，本書撰寫之際，有一份政府報告建議不需對新南威爾斯（New South Wales）的短租設置每年出租的日數上限，目前這項議題正送往議會審理。

紐約人的憤怒

　　反 Airbnb 陣營所提出的許多論點其實無可厚非。讓短租旅客自由進出住宅大樓，意味著沒經過審查的人員可以自由進出建築的公共空間，可能沒把大門鎖好，或造成其他的危險。住宅公寓沒有類似旅館的安全預防措施，不見得有灑水滅火系統或明確的疏散圖（不過紐約市的建築法規要求，住宅大廈也必須符合防火安全標準）。紐約人最在意的，也許還是生活品質受到影響的問題。紐約人大多住在狹小的空間裡，住戶彼此堆疊，共享牆壁、地板、天花板或公共空間。

　　紐約人對於個人空間與日常生活格外重視，所以旅客敲門、垃圾丟錯地方、或把煙蒂亂丟在屋頂露台上等行為，都侵犯了這兩項他們最在意的事情。我認識的很多紐約人似乎都有一些跟 Airbnb 的短租客為鄰而深感不滿的故事。一位朋友長年住在紐約市西村的某棟大樓，她說她聽到牆的另一邊傳來噪音，注意到每週都有不同的人進出那棟大樓時，就知道隔壁的鄰居開始上 Airbnb 出租套房了。其中有一群旅客是一家四口，入住期間把大樓的行李推車一直擱在走廊上。後來她看到小孩在門外的第八大道上，滑著閃閃發亮的推車嬉鬧，才

知道推車去哪了。距離我住的地方不遠處，有一個 Airbnb 房源是北歐旅客很愛的地方，那裡的鄰居已經很習慣看到高頭大馬的金髮年輕人聚在建築外抽煙，談笑到深夜。

然而，即使有這些麻煩，紐約人反對 Airbnb 的論點其實不是那麼明確（例如，我想，十個紐約女人可能會有九個告訴你，他們很歡迎高大的帥哥湧入紐約，管他是不是短暫停留），而且很多紐約人早就知道長年應付隔壁的討厭鄰居是什麼感覺了。

這幾年來，反對派把焦點放在平價住屋的供給議題上，宣稱 Airbnb 的出現使市場上的住屋供給減少，拉高了房價。Airbnb 在紐約市確實有大量的房源，最新的數據顯示有超過四萬四千個。但紐約市的總房源超過三百萬個，Airbnb 的房源僅占不到 1.5％，另有二十萬個房源基於其他原因而空著無人使用。很多因素比 Airbnb 的存在更直接導致紐約市的住屋不足及高房價問題，例如都市計畫法規、建築成本高、土地運用的嚴格規定、多金海外買家湧入、經濟復甦使大城市人口數達到新高等等。平價住屋維權人士及資料供應商 Inside Airbnb 公司創辦人穆瑞·考克斯（Murray Cox）指出：「我們知道 Airbnb 可能不是導致這個問題的主因，但這不表示

你就不該關心，並放任數千間公寓從住屋市場中消失。」
Inside Airbnb 公司是另一家提供 Airbnb 相關資料的外部
供應商。

家在四方？麻煩四處？

　　Airbnb 的規模愈大，在紐約引發的衝突也愈來愈激
烈。除了法律問題，多數房東也禁止房客自己從事短租
生意，有些房東開始在合約裡追加條款，禁止房客使用
Airbnb 出租房子，並對於留宿客人設下更嚴格的規定，
增設錄影機，並私下雇用調查員找出違規的房客。相關
地產公司（Related Companies）是紐約最大的高級住宅
租賃公司，擁有七千多戶房產，據傳他們還設計了一份
PowerPoint 簡報，教導旗下的房產經理如何查出房客在
Airbnb 上出租房子[63]。2015 年秋天，紐約市長白思豪承
諾在未來三年投入一千萬美元，增派更多的人力及提升
技術，加強紐約市短租法的執行。

　　紐約市的政治鬥爭一向激烈，尤其遇到集勞力、大
企業、平價住屋議題於一體的問題時，火藥味更是濃
厚。隨著相關的利益日益變高，各方對峙的情勢也持續
升溫。演員艾希頓・庫奇（Ashton Kutcher）是 Airbnb

的投資者，他寫了一封公開信捍衛 Airbnb。紐約州眾議員琳達‧羅森索（Linda Rosenthal）長久以來一直是 Airbnb 的批評者，她告訴《華爾街日報》，庫奇那封信「不會產生絲毫的影響」，又補充說「他想整我」（譯註：影射艾希頓‧庫奇主持的整人節目《Punk'd》）[64]。代表紐約上西區的市議員海倫‧羅森索（Helen Rosenthal，和琳達‧羅森索都是民主黨員，兩人同姓，但無親戚關係）告訴《真實交易》（*The Real Deal*）雜誌：「我想傳達的最重要訊息是，既然 Airbnb 持續漠視州法律，我們會竭盡所能讓 Airbnb 很難經營下去。[65]」

2016 年初，Share Better 聯盟發表一支廣告，嘲諷 Airbnb 的「家在四方」口號。那支廣告叫做「Airbnb：麻煩四處」（語帶嘲諷的廣告旁白說：「Airbnb，還是謝謝你，但你根本誰也沒幫到，只幫到你自己。」[66]）約莫同一時間，有兩位市議員發了一封信給 Airbnb 的前三十大投資者，告訴他們 Airbnb 在紐約的運作是違法的，並警告可能影響他們的投資。信中寫道：「如果我們投資的公司蓄意參與那麼多非法活動，我們會好好考慮是否繼續把資金放在那家公司。[67]」

Airbnb 表示，那封信根本是在「作秀」[68]，並加強政治火力，雇用紐約市遊說界、政治策略圈、傳播公司

名人來助陣。Airbnb 找來曾為檢察長施耐德曼效勞的喬許・梅爾澤（Josh Meltzer）擔任紐約的政策長。為了與工會接觸，Airbnb 也雇用服務業雇員國際工會（Service Employees International Union）的前會長安迪・史登（Andy Stern）。此外，Airbnb 也花更多錢打廣告並贊助馬拉松。或許可以預想得到，在新命名的「布魯克林半馬」比賽前夕，還有抗議者刻意穿著印上「#RunFromAirbnb（逃離 Airbnb）」的 T 恤出賽。[69]

然而，Airbnb 面對的是資金雄厚的強大反對勢力〔紐約房地產理事會（REBNY）很快就加入反對 Airbnb〕。2016 年年中，紐約州議會的會期即將結束時，羅森索議員稍早提出的「禁止全州出現短租廣告」的法案開始獲得愈來愈多的支持。那個法案刻意寫成「廣告」法規，避免有人以「網站不必為其用戶發布的內容負任何法律責任」作為合法辯護。該法案禁止公寓住戶以少於三十天的租期，出租無人居住的空間；並把對房東或建物所有者的懲罰轉移到房客或公寓住戶本身。首次違法的罰金是一千美元，第三次違法的罰金則是 7500 美元。儘管科技界的重量級人物猛力發動公關攻勢（包括 Airbnb 的投資者葛蘭、霍夫曼、庫奇等人，庫奇批評該法案阻礙創新，傷害紐約的中產階級，他在

Twitter 上發文寫道：「這個愚昧無知的法案會害人失去家園！」），該法案仍在會期的最後一天通過了，並對 Airbnb 造成了突如其來的衝擊。

Airbnb 堅稱，法案過關並不公正，是由一群特殊利益關係者臨時私下協商出來的結果，忽視了數千位紐約民眾的心聲。Airbnb 馬上斥資一百萬美元推出廣告活動，移除紐約兩千多個看似由單一房東經營的多重房源，並提案在網站上加入一個新工具和註冊流程，禁止房東刊登一個以上的房源。但是法案通過四個月後，2016 年 10 月底的週五，紐約州長庫默即簽署法案，正式生效。州長發言人聲明：「這是經過審慎考量的議題，這些活動最終已由法律明令禁止。」該法案的發起人羅森索也在法案簽署生效後，對《紐約時報》發表看法：「我很感謝州長庫默支持平價住房及保護住戶的理念。」

Airbnb 迅速做出回應。法案簽署不到幾個小時內，Airbnb 就對紐約市政府和州檢察長提出訴訟，宣稱該法侵犯了《通訊內容端正法》（*Communications Decency Act*）賦予 Airbnb 的言論自由權、正當程序保障以及其他的保護。一位旅館業的高階主管在法人說明會上表示，該法案的通過有助於公司定價能力的提升。Airbnb 聞訊後，發出一份備忘錄，標題是〈旅館業喜見哄抬房

價的機會〉。紐約市旅館協會的會長丹達帕尼駁斥
Airbnb 對旅館業的攻擊，他說拉抬定價純粹是經濟學供
需運作的模式，就像航空公司的機票定價一樣。

　　幾天後，Airbnb 在庫默的辦公室外發起集會抗議，
有二十幾位房東舉牌參與，牌子上寫著「每分錢都是幫
我付租金」及「Airbnb 的自由工作者」，還有一位雪兒
（Cher）歌迷舉著牌子「Cher your home」（譯註：Cher 和
Share 同音）。他們不斷喊著「Airbnb，我和你！」和「紐
約需要 Airbnb ！」的口號。但另一群由平價住屋維權
團體、工會成員、羅森索議員所組成的反抗議團體蓋過
了他們的抗議。這群反抗議團體在羅森索的領導下，集
體走向 Airbnb 帶領的抗議者，以更大的聲量吶喊：
「Airbnb，對紐約不利！」和「住家不是旅館！」幾天
後，在另一場集會上，市議員朱滿‧威廉姆斯
（Jumaane Williams）告訴《紐約每日新聞》:「看到一個
組織輸了，我從來沒那麼開心過。[70]」

　　對 Airbnb 的紐約用戶來說，那些新聞令大家感到
困惑不解。已訂好紐約行的旅客開始詢問房東，是不是
應該取消訂房。在布魯克林區當房東及經營顧問事業的
芭迪亞為此調整了她的房源說明，她把說明改成「合法
舒適又寬敞的兩房公寓」。在抗議集會中，一位旁觀者

問我，Airbnb 是把建築買下來改建成短租房間嗎？

在抗議集會發生不久後，我訪問了 Airbnb 的全球公共政策長勒涵。他表示：「目前的局勢對我們的房東完全不利，政治亂象促成了糟糕的政策。當特殊利益團體有機會制定法案，並在未公開的程序下，沒聽取任何房東的意見，就讓法案過關，最後就會得出這種結果。」他說 Airbnb 會繼續推動立法改革，化解法令不准 Airbnb 平台出現商業活動的限制，讓一般民眾可以偶爾出租自己的住所。勒涵表示，Airbnb 會提出一套「以任何客觀分析都對該州有利」的政策提案。本書出版之際，Airbnb 對紐約州和紐約市提告的官司已經達成和解。在 Airbnb 與紐約市的和解中，雙方同意理論上一起合作打擊不良行為。

政治公關公司大都會公共策略（Metropolitan Public Strategies）的執行長尼爾·科瓦德拉（Neal Kwatra）也是 Share Better 聯盟的策略長，他表示：「2010 年起，就有法律明文禁止 Airbnb 商業模式中的一大部分，但他們以非常策略性的手法因應，」他說：「即使法規明文禁止，Airbnb 很清楚執法的規模不會對其業務造成衝擊。我們這個由多元團體組成的反對聯盟，主要是把焦點放在平價住屋受到的影響上，Airbnb 使數千戶長期住

屋轉做短租，導致一般租金上漲。」

羅森索議員表示：「看到法案生效，我很開心。但我覺得 Airbnb 現在被迫遵守法規，正在極力反抗，他們一定會想辦法擺脫法律的約束。」她對 Airbnb 的「不同商業模式」很不以為然，說他們「進入一個地方後，搞得天翻地覆，還想主導政策走向，而不是聽政府的」。她說，如果 Airbnb 真的在乎用戶，應該會在網站的首頁上清楚寫明法律。Airbnb 的確有在「美國的房東義務」頁面上鼓勵用戶遵守在地的所有法律。

Airbnb 和熟悉其策略的人都表示，這些年來 Airbnb 多次嘗試與主管機關妥協，但立法單位沒有興趣和他們交流。丘頂公共方案公司的艾爾斯表示：「Airbnb 很樂於接受任何協商。」艾爾斯目前並未與 Airbnb 合作，但他說很多單位「都很不願意對談，所以 Airbnb 到最後找不到任何人可以協商。」

勒涵表示，紐約的情況可能會演變成連串「長期戰爭」，未來幾年的衝突轉折會像「背景音樂」那樣持續地播放。他說 Airbnb 會持續促成和解，包括改變 2010 年通過的法律。

組織，動員，合法化

　　紐約通過那項法案的幾個月前，我第一次在 Airbnb 總部見到勒涵，他給人感覺相當友善，平易近人。有人說他領導抗爭時勇猛好戰，但外表看起來一點也不像。他是政界的重量級戰將：哈佛畢業的律師，1980 年代開始投身民主黨政治圈。1992 年參與柯林頓的選戰後，加入白宮特別法務室，該菁英團隊在柯林頓政府受到調查時進行危機管理，他發表了一份 332 頁的報告，還自創「右派大陰謀」（Vast right-wing conspiracy）一詞。

　　後來，他在高爾 2000 年的總統選戰中擔任發言人，選戰結束後轉往民間企業發展。他以快狠準的戰略、精闢的發言、高竿的敵情研究著稱，有「災難大師」的稱號。勒涵曾為微軟、高盛、藍斯·阿姆斯壯（Lance Armstrong）、工會等客戶效勞，參與億萬富豪湯姆·史泰爾（Steve Steyer）發起的非營利「氣候變遷倡議活動」，也撰寫及製作過一部有關政治策略家的諷刺影片，《選戰風暴》（*Knife Fight*）。2014 年，Airbnb 聘請勒涵當顧問，協助 Airbnb 對抗舊金山政府的管制，不久他就全職加入 Airbnb。

　　勒涵的身材瘦削，但在 Airbnb 總部是無人不知、

無人不曉的大人物。他的辦公室位於 Airbnb 總部後方巷內的某棟二層樓的獨立建築中，之前稱為附屬建築（Annex），勒涵把它重新命名為 ADU——附屬住宅單位（Accessory Dwelling Unit）的縮寫，一般較常見的說法是祖母公寓（granny flat）或親家房（in-law unit）（譯註：把車庫等空間改建成含衛浴的套房，讓岳母等親戚來訪時居住。）（這種單位特別適合做住家共享，只是難以規範）。

Airbnb 把整個動員團隊、政策溝通和營運部門，以及社會影響和策略研究等部門都安置在 ADU 內，總計有兩百位員工，其中很多人來自民主黨政治圈。勒涵以紐約前市長彭博（Bloomberg）的市政廳為範本，設計整個 ADU 的架構，中間設置一個「牛棚」（bull pen），讓不同的部門環繞著牛棚，彼此相鄰，便於溝通互動。他說：「如果你曾經參與過國際政治活動，感覺就跟這裡一模一樣。」

勒涵負責督導 Airbnb 的策略，以反抗主管當局的壓制，讓法律朝對 Airbnb 有利的方向改革。勒涵在 Airbnb 的辦公室內接受我的訪問時提到：「這很瘋狂，就好像你在製造汽車、鋪路、制定規則時，大家一直對著你丟石頭一樣，太刺激了！」不過，他也大方坦承，他深信 Airbnb 的烏托邦理念，他相信 Airbnb 有可能成

為幫助中產階級提升的助力。他說，住家共享之所以流
行起來，是幾個社經大趨勢匯集起來的結果，它鞏固了
日益磨損的社會契約，賦予一般民眾更多經濟能力，也
讓大家凝聚在一起。2016 年他在美國市長會議（U.S.
Conference of Mayors）上表示：「最終而言，Airbnb 之
所以發展出今天的成果，並不是因為在某種演算法中加
入了神奇魔力或仙丹，而是因為我們打造了一個平台讓
大家互動，提供大家一個全新的體驗。」

　　勒涵認為全球的多數城市都很樂於合作，他馬上指
出 Airbnb 和許多地方的立法機關合作，一起更新及修
改現行的法律，讓 Airbnb 在當地的活動能夠合法。以
我訪問他那天為例，那時 Airbnb 剛和芝加哥合作通過
一項措施，讓當地的短租合法化，不限制出租天數，並
讓 Airbnb 幫市府在每筆訂房交易上加徵 4% 的稅收，稅
金將用來為當地的遊民提供服務。一篇有關該措施的報
導寫道：「旅遊芝加哥的民宿愛好者，好消息來了！」[71]
在紐約爭議逐漸增溫之際，隔著哈德遜河的紐澤西州紐
沃克市和澤西市通過了對 Airbnb 有利的立法。紐約州
長庫默簽署法案生效的那週，紐奧良和上海的主管機關
和 Airbnb 也達成了協議。

　　勒涵指出，大家太喜歡把紐約視為指標，但現在

Airbnb 的平台已經非常龐大，沒有一個單一城市對 Airbnb 來說有太重大的意義。這個說法似乎不假，Airdna 的資料估計，Airbnb 紐約市房東的總收入占美國房東總收入的 10％，占全球房東總收入的 3％。勒涵告訴我，在 Airbnb 選出的百大市場中，有七十五到八十個市場的法規「已經完善，或朝著好的方向發展」，十個市場「維持現狀」，剩下十個「一直處於某種衝突狀態」，其中又以四個城市的反對勢力最強：紐約、舊金山、柏林、巴塞隆納。

勒涵指出，那些爭議特別大的城市都有一個共同點：獨特的政治生態。在巴塞隆納，政府對於遊客大量湧入哥德區（Gothic Quarter）很敏感。在舊金山，除了住屋短缺的問題，還有在地激進派和較溫和又有錢的科技業之間的權力爭奪問題。柏林禁止任何沒有執照的民宅做短租生意，違者最高可處以 11 萬 5 千美元的罰款。柏林長久以來一直有住屋短缺的問題，遠溯及東西德統一的時候，如今更因為難民危機而加劇。至於紐約，勒涵說那裡是「旅館業的兵家重地」。

掌握特殊的政治現況是勒涵的專長，他知道幫 Airbnb 打贏法規抗爭的關鍵在於動員房東。他說，Airbnb 擁有其他民營企業沒有的特質：成千上萬名熱情

投入的房東和房客，他們可以成為「改變的力量」。他的做法是動員這些草根的力量，就像紐約州檢察長第一次發動攻擊時，Airbnb 的反應那樣。但現在動員的規模跟總統大選相當，而且範圍廣及世界各地。

　　Airbnb 有兩個獨一無二的特質可以實現這個想法，一是規模：光是美國，Airbnb 的用戶規模就比美國山巒協會（Sierra Club）、美國教師聯盟（American Federation of Teachers）、人權戰線（Human Rights Campaign）等最大型的特殊利益團體還大。Airbnb 的社群中，很多人是偶爾使用平台的用戶，勒涵把他們劃分為「基本選民」（房東）和「偶爾選民」（房客）。基本選民比較投入，但為數較少，僅幾百萬人。但 Airbnb 做的民調顯示，即使是偶爾使用平台的房客也可以輕易動員；在某些市場中，有 5％到 15％的居民使用 Airbnb。「真要說搞政治的人擅長什麼，那應該是數學吧，」他說：「那些數據相當有說服力。」

　　Airbnb 第二個與眾不同的特質，就是經濟模式。它的「基本選民」不只相信 Airbnb 的理念，更可從中獲利。房東只要付 3％的住宿收費給 Airbnb，其他的收入都歸自己所有。「這些人每收 1 元住宿費，就賺 97 分錢，」勒涵說：「你把這些利益整合起來，就知道為什

麼我覺得這是一股很強的政治破壞力了。」

勒涵加入以前，Airbnb 已經奠定了一些基礎。2013 年和 2014 年 Airbnb 面對紐約、舊金山、巴塞隆納三個城市的反對聲浪時，曾號召 Airbnb 社群展開活動，例如紐約州檢察長對 Airbnb 展開調查時，艾特金曾經發起的請願運動。Airbnb 稱為「星火燎原」計畫（Firestarter），模仿歐巴馬選戰動員策略中採取的「雪花」（snowflake）組織模式，由下而上動員群眾，讓志願者能自己組織行動並訓練彼此。小至一開始願意出現參加會議，或在 Twitter 上發文，到最後甚至投書媒體，這項策略目的就是逐漸拉高社群成員的「投入曲線」，盡可能激發一般民眾熱情投入。「你當然可以打很多電視廣告，那可能會產生某種影響力，」勒涵說：「但是讓市議員每天應付幾百通民眾的陳情電話，效果強多了。而且這種情況確實發生了。」

基本上，勒涵就是負責把他的政治動員力應用在「星火燎原」計畫，並加以擴展，推向全球一百個重點城市。他的支柱是由十位到數百位房東所組成的住家共享俱樂部，勒涵覺得他們幾乎就像同業公會一樣。Airbnb 催化他們的成長，為他們提供基礎設施和支持，但是讓俱樂部自己制定章程、設定目標，希望他們自成

一個政治公民實體。2015 年，勒涵在巴黎房東大會上提出這個概念時，對現場的五千位房東說：「這些俱樂部必須由你們領導，由你們建構，由你們組成。我們會幫忙提供宣傳工具，但最終的勝利全靠你們來發聲。」

　　勒涵一開始選在舊金山測試。2015 年，他在舊金山動員用戶推翻限制短租的「F 提案」（Proposition F）公投。對 Airbnb 來說，舊金山和紐約一樣，是最引人注目的法規戰場。舊金山後來和 Airbnb 達成協議，讓短租合法化，在 2014 年秋季通過所謂的「Airbnb 法」。Airbnb 同意制定房東每年可出租整間住家的日數上限，並要求房東必須在市府註冊。但是該法案通過後，反對聲浪大增，「F 提案」提議縮減日數上限，要求 Airbnb 提交季報，並賦予鄰居和住屋團體提出法律申訴的權利。Aribnb 為這項動員活動提撥了 800 萬美元的預算，勒涵運用那筆預算，部署了一個由資深活動發起人及數百位志願者所組成的團體，動員社群用戶。最後，共有 13 萬 8 千位社群成員實際去敲了 28 萬 5 千戶民宅的大門，接觸到 6 萬 7 千名選民，成功推翻了 F 提案。800 萬美元的預算也用於廣告，包括電視廣告，以及一系列戲謔嘲諷的看板廣告，例如：「親愛的舊金山公共圖書館，我們希望你們從這 1200 萬美元的旅館稅裡，撥點

錢去延長圖書館的開放時間。」廣告引發民眾的不滿，Airbnb 迅速撤下看板业公開道歉。

這次反抗行動成功雖然重要，效果卻很短暫。2016年 6 月，舊金山市政委員會通過新法規，要求短租平台審查平台上刊登的房源，確保房東都有註冊，否則每天每個未註冊的房源要罰款 1000 美元。幾週後，Airbnb 向舊金山市提出訴訟。撰寫本書之際，這個訴訟案和紐約的案子一樣，都仍在法庭審議階段。

成長如何兼顧人情味

Airbnb 面臨到一個兩難：希望在紐約市及世界各地拓展業務，又想帶給人居家的溫馨感。切斯基說：「人際互動愈多，就愈貼近我們的使命。」但這裡面也藏著一個挑戰：你如何拓展 Airbnb 理想中的那種殷情款待之心？如何把「一戶一位房東」的這種人情味招待模式，加以複製、成長擴大？ Airbnb 的創辦人認為，就像大多數情況，這屬於一種設計上的挑戰。

一種解決辦法是和屋主建立合作夥伴關係。Airbnb 是一種城市現象，在許多地方，公寓住戶不准上 Airbnb 刊登房源，因為屋主不准他們轉租。很多屋主不希望自

己的建築裡出現短租客，因為違反建物使用規定或當地法規，而且違規受罰的對象通常是屋主，而不是住戶。有些公寓位於獨棟的小建築裡，但很多公寓是大型房產公司所有，例如艾芙隆灣社區公司（Avalon Bay Communities）、卡姆登物產信託公司（Camden Property Trust）、公平住宅物產公司（Equity Residential Properties）等等。這些房產公司在全美各地掌控了上萬戶公寓，租戶中很大比例是千禧世代。房產公司通常會委託大型物業管理公司負責社區管理，不過這些業主會自訂法規，放進制式的租屋契約中。說服這些業主改變法規，接納住家共享概念，可以為 Airbnb 帶來很多利益，也讓這些公寓的一般住戶可以出租住家空間。

　　過去幾年，Airbnb 努力和這些大型租賃企業建立聯盟。2016 年，《財星》的奇雅・科卡利齊瓦（Kia Kokalitcheva）報導，Airbnb 推出「友善建築計畫」（Airbnb Friendly Building Program）[72]，讓大型多戶社區的屋主和建商與 Airbnb 簽訂合夥關係。根據該計畫，屋主允許住戶上 Airbnb 出租住家空間，屋主仍保有設定住宿規範的權利（例如規定入住時間和天數），而且可以分享部分的短租收入。訂房仍在 Airbnb 平台上進行，但 Airbnb 會和屋主分享短租的交易資料。

這個計畫的設計訴諸了屋主的利益：屋主的主要目標是避免社區內有空屋無人承租，確保長期租屋為他們帶進穩定的租金收入。所以 Airbnb 說服這些屋主的論點是：你們的主要租戶（千禧世代）想住在可以「住家共享」的公寓，這些人很早就熟悉 Airbnb 的運作方式，他們覺得他們有權賺取短租收入，所以如果你們接納 Airbnb 的理念，讓租戶分享住家空間，就更能降低社區內的空屋率，而且既然租戶有短租收入來源，他們更有可能按時繳交房租，讓你們的公司在投資人眼中更具吸引力。撰寫本書之際，和 Airbnb 簽署這項合夥計畫的屋主掌控了約兩千戶公寓，只占潛在市場的一小部分，Airbnb 仍期待將來能說服更多大型房產公司。

未來，Airbnb 希望進一步發展這種合夥關係。房產公司目前也正在開發戶數高達好幾萬戶的新公寓大樓，Aibnb 正在跟他們討論設計一種專門用來做住家分享的公寓格局，例如有額外的浴室、或是方便讓客人入住的公寓設計（客房靠近第二間浴室，客房和主臥室分別位於客廳的兩端）。

切斯基告訴我這些計畫後，我回答，這種計畫目前當然不可能在紐約市發生，因為目前 Airbnb 最熱門的短租模式（房東不在場模式）在紐約市仍是違法的。切

斯基說，他們洽談的屋主遍及全美，不限於紐約。我說：「但這個概念是假設……」他點頭，並幫我把那句話講完：「一切限制都解除的情況。」

早睡早起，拼命投入，動員所有人

切斯基樂觀地認為，一切的限制一定有機會解除。儘管紐約市的反對者認為 Airbnb 對當地政治裝聾作啞，但切斯基覺得 Airbnb 已經從紐約市的抗爭中記取了經驗。2016 年夏季在《財星》舉辦的腦力激盪科技大會上，切斯基告訴現場觀眾：「我們學到一件事：不要等待問題發生。如果你想和一個城市合作，就應該主動去了解那個城市。你主動抱持善意接觸時，就可能建立夥伴關係。如果你等著那個城市找上你，那麼衝突可能會延續好幾年。[73]」

有些市場仍然持續在打壓 Airbnb。2015 年春季，儘管有一百位 Airbnb 的社群成員發動抗爭，加州聖塔莫尼卡市依然制定了當時美國最嚴苛的短租限制法，完全禁止整層住家出租期小於三十天。只有房東也在場時，才能出租屋內空間，而且房東必須先向市府取得營業執照，符合該市的防火和建築法規，並繳交 14％ 的旅

館稅。（就是這些新規定使 Airbnb 的房東兼 Airdna 創辦人夏福特被罰款。）

Airbnb 在冰島的雷克雅維克也變成一個大問題。雷克雅維克的市場規模小很多，但因為遊客量大增，旅館供給未能跟上增加的住宿需求。Airbnb 的房源正好彌補了空缺，現在雷克雅維克市的人均 Airbnb 房源數是舊金山、羅馬等地的兩倍[74]。研究人員估計，該市至少有5％的住宅存量都在 Airbnb 上出租，導致原來已經供不應求的住屋市場更加惡化[75]。所以，雷克雅維克市制定了嚴格的規定，要求房東必須登記及付費，而且每年出租天數的上限是九十天，超過就必須繳交營業稅。本書撰寫之際，多倫多和溫哥華的短租爭議也持續加溫。倫敦的新任市長薩迪克・汗（Sadiq Khan）也表示，基於對平價住屋議題及社區生活品質的擔憂，他有意重新審核倫敦的短租法律。

在此同時，Airbnb 的用戶已經習慣了某些市場仍處於法規模糊不清的狀況。許多房東告訴透過 Airbnb 訂房的房客，萬一在走廊上遇到鄰居，就說他們是房東的朋友或親戚。我的一位朋友訂了洛杉磯的民宿，房東告訴他去一排腳踏車中間找藏起來的鑰匙；萬一有人問他是誰，就說是房東的朋友來拜訪。早在紐約通過限制短

租的法案之前，有些屋主就已經注意到，有愈來愈多拖著行李的人聲稱他們是住戶的朋友，經常進出社區，說是「來幫住戶照顧貓咪」。

即使是合法出租住家空間的人，也會特別注意自己是否符合規定。紐約市的房東加托（Chris Gatto）表示：「在法規釐清之前，我想盡可能符合規定。」他把家裡的一間空房放上 Airbnb 出租，自己仍住在裡面，所以他的出租在紐約市是合法的。但每次他都會花十分鐘帶每位房客認識整間公寓，指出滅火器的擺放處和逃生口，並在家裡貼滿清楚的標示。第三章提到的 Airbnb 民宿愛用者雷奧登表示，她在法規還不明確的地方，不會上 Airbnb 訂房，她說：「我不希望有人質疑我為什麼待在那裡。」至於那些靠 Airbnb 短租生意來經營相關事業的業者，則已經聽天由命了，他們覺得這些爭議可能要拖上好幾年才會釐清。Keycafe 鑰匙交付公司的執行長布朗表示：「這是我們必須接受的外部現實。」（在此同時，另一種與 Airbnb 有關的新事業也出現了：有公司專門幫政府和屋主抓出那些違反短租規定的住戶。）

2015 年的巴黎房東大會，主題是動員行動。切斯基告訴現場的群眾：「身為房東，我覺得很多時候我們常遭到誤解。而且不僅遭到誤解，有時甚至還被攻擊。」

他向大家保證，情況很快就會改變，「因為他們不僅會看到我們的住處，也會看到我們的真心。」勒涵鼓勵他們採取行動：「未來幾天、幾月、幾年，還有更多的戰役等著我們，但是這個社群有能力動起來時，沒有人能擊垮我們。」他告訴大家，當他們一起攜手向前時，「我們的口號是：『早睡早起，拼命投入，動員所有人。』」

所有進步都需要不理性的力量

不過，長遠來看，多數專家和觀察家都認為，未來的局勢發展對 Airbnb 有利，即使 Airbnb 在有些市場中可能受到比較嚴格的規範，但它終究還是會獲准經營，原因就是：消費者想要這種服務。Airbnb 就是真的抓住某些消費大眾的深切需求，才能成長得如此迅速。就那方面來說，最後真正打動主管機關的力量，不是房東，而是 1.4 億名訂房的房客。「如果從未來會不會有更多人訂房來看，我覺得答案是肯定的，而且人數會愈來愈多。」勒涵說：「大眾已經體驗過了，政治人物很快就會跟上腳步。」HomeAway 共同創辦人卡爾‧謝波德（Carl Shepherd）認為，不肯放行的主管機關就好像把頭埋在沙堆裡，「好像在說：『我不要跨入 2015 年一樣。』」他

接受《洛杉磯時報》訪問時說：「你可以否認它存在，也可以搞清楚怎麼讓它變得更安全。[76]」

　　你可以用幾種方法來衡量消費者對 Airbnb 的興趣，但不管用哪種方法，結果都一樣：消費者對 Airbnb 趨之若鶩。昆尼皮亞克（Quinnipiac）所做的民調顯示，支持 Airbnb 的紐約人比希望趕走 Airbnb 的紐約人，人數比例是 56％對 36％。我為本書收集資訊時，看到一個特別有趣的現象。那些抱怨短租客進出公寓大樓的紐約人到外地旅行時，也會使用 Airbnb。

　　在紐約，旅館業以外的廣大商業社群其實是支持 Airbnb 的，只不過態度比較低調謹慎。紐約市夥伴（Partnership for NYC）的總裁凱西‧懷爾德（Kathy Wylde）告訴《真實交易》雜誌：「我們當然不會縱容濫用情況，也不是各方面都認同 Airbnb。」紐約市夥伴是由紐約市最大企業和民營公司的執行長所組成的非營利組織，「但我們覺得還是有機會討論出對大家都有利的協議。[77]」

　　所以，沒錯，即使市場明令禁止，Airbnb 依然不畏阻力，在市場上插旗，你可以說他們天真，大膽，或無視權威，就看從哪個論點來看。但是有數百萬名消費者愛用 Airbnb 一定有其原因，那不單純只是三個小夥子

想打破陳規，而是有幾股更強大的力量起了作用：經濟大衰退使大家有史強的動機節省旅費，或是靠住家空間賺錢貼補家用；民眾對定價太貴、過度商品化的旅館業普遍感到厭倦；千禧世代的價值觀和態度逐漸抬頭，大家不僅更能接受比較古怪、多元、原創、真實的旅遊形式，更將之視為一種生活方式；民眾對政府的信任日益低落，尤其是中產階級；大家想要追尋自給自足的經濟賦權方式。理解這些力量，可以幫主管機關了解為什麼Airbnb會迅速風行，以及為什麼用戶願意挺身而出，幫Airbnb爭取合法的營運機會。在薩凡納做短租生意而被罰款五萬美元的摩根表示：「你去告訴市府官員，我們一定會贏的。你去告訴他們，我會反抗到死為止，而且我比你們年輕。」

　　很多產業在獲得主管機關接納以前，也經歷過法規的打壓。例如，eBay崛起時，受到傳統零售業者的強大阻礙，有反對者試圖推動法律，要求上網拍賣者必須擁有執照才能上eBay當賣家。Paypal、Square等新創支付企業也必須向主管機關證明他們的合法性，以前主管機關只要一想到金錢在網路上流動的概念就很害怕。Airbnb的董事傑夫・喬登表示：「只要抗爭成功，就能合法化。」當然，不是每樣熱門新技術最後都會勝出，

例如 P2P 音樂分享服務 Napster 就因為侵犯版權而倒閉。不過，後來串流音樂也變成了業界標準，音樂界終於找到收費的方法。Airbnb 的投資人似乎都不擔心這個問題，霍夫曼表示：「我想，我們終究會看到世界該有的樣子，最糟的情況就是紐約和舊金山這兩大城市的成長減緩而已。矛盾的是，這兩地正好是新創科技的重鎮，也是全球問題最多的兩大城市。」

切斯基喜歡在演講中引用一些偉大思想家的名言，他常引用蕭伯納的話：「理性的人改變自己適應世界；不理性的人試圖改變世界順應自己。因此，所有進步都依賴不理性的人達成。」這是矽谷人常引用的一句話，許多新創企業的創辦人以非理性自豪，他們獲得大量的資金，並想辦法把法律扭轉成對自己有利。

因此，切斯基對於 Airbnb 掀起那麼多抵制並不意外。2015 年，他在 Airbnb 總部的總裁辦公室裡告訴我：「我們剛創業時，我知道這個事業要是真的成功了，一定會引發一些爭議。」（總裁辦公室是一間鑲木仿古的高級套房，整個房間保持著 1917 年的高階主管辦公區風格。）他說，2007 年他沮喪地回老家過聖誕節時，隨性地跟親友聊起 AirBed & Breakfast 的概念。當時，他就已經看到大家對這個新概念有兩極的反應：他們要不是

很愛，就是很討厭這個概念。「大家的反應不出：『太棒
了』，我等不及想嘗試」，或是『我不希望我住的那區出
現這種東西』。」2010 年，他第一次聽到紐約市提出那
個法案時，主管機關還向他保證法案並非針對 Airbnb，
不會影響 Airbnb 的用戶，當下他就已經懷疑不可能那
麼順利。切斯基記得當時心想：「感覺沒那麼輕鬆，畢
竟我們講的可是『法律』耶。」

連蕭伯納可能都會說那是很合理的假設。

切斯基相信，將來一定會有解決方案，而且「發生
的時候，我的頭髮還沒變白」。他認為紐約最終會通過
一條法律，讓一般民眾出租主要住所，但禁止專做短租
的空屋及第二住所。他也認為 Airbnb 會幫紐約政府收
稅及繳稅。「我覺得這種情況會發生，但在那之前，應
該還會再爭執兩三年。」

這一連串的抗爭也促使切斯基為未來做了一些不同
的規劃。2007 年創業初期，他們根本沒想到 Airbnb 可
能進駐上萬個住家，更何況是三百萬個房源。如今親眼
見過敵人是誰以後，他為公司規劃下個階段的發展時，
已經充分考慮到公司會以同樣的驚人速度發展，也會遇
到各種隨之而來的阻礙。「我現在設計未來走向時，都
會把那些因素納入考量。」他為我說明 Airbnb 的成長計

畫後，說道：「那會對社區造成什麼影響？我們會讓社群變得更豐富，還是剝奪社群？做什麼都一定會招致一些批評，那是我學到的第一件事。」

其他人則是採取不同的方法因應：毫不在意。他們認為抗爭雖然令人頭痛，但完全在預料之中。Airbnb 創辦人的第一位顧問賽柏說：「那是一定會發生、無可避免的。每次你破壞一個龐大產業，在那個產業裡騰出你的容身之處時，周遭各種利益團體一定會上前阻撓。旅館業者之所以能打造出數十億美元的產業，可不是什麼等閒之輩。既得利益愈大的人，就愈懂得運用政治力量來阻撓你。」賽柏的看法和很多人一樣，他認為，最終走向應該由消費者決定，而消費者通常會勝出。

在 2014 年的房東大會上，切斯基說了另一句他很愛引用的雨果名言：「如果一種理念得逢其時，它將無往不勝。」賽柏的講法更精闢：「最終，大家愛用 Airbnb 嗎？上百萬人都想用 Airbnb 嗎？是的。」他說：「其他一切都是可以解決的問題，只要投入人才、時間、金錢，就能解決。」

「真正解決不了的，就是你做出來的東西沒人想要。」

第 6 章

改寫競爭規則
躋身全球旅館巨頭

把另類變主流，迫使巨頭改變策略，啟動新戰局

「這是世界的走向，你只能欣然接納。」
——雅高旅館集團（Accor Hotels）
執行長巴辛（Sébastien Bazin）

　　1951 年，住在田納西州曼菲斯的商人凱蒙斯・威爾遜（Kemmons Wilson）在妻子的堅持下，帶著五個孩子一起去度假。他們一家七口擠進車子裡，前往華盛頓特區參觀風景名勝[78]。

　　沿途他們住了幾家汽車旅館，但每一家旅館都品質欠佳，不僅房間狹小，床不好睡，每多一個小孩還要額外收費，威爾遜因此發現了商機。他們抵達華盛頓特區時，他已經想出了一個點子：在全美各地建四百家連鎖汽車旅館，每一家都開在高速公路的出口旁邊，彼此的

間隔是一天的行車路程，而且價廉物美，乾淨舒適。最重要的是，旅館提供的一切都是顧客可預期的：也就是說，每家旅館全面標準化，讓顧客不管住在哪家分店，看到的都是一樣的特色。他仔細丈量了沿途住過的每個旅館房間，得出一套理想的尺寸。回到曼菲斯後，他請一位製圖師畫出平面圖。當時他剛好看了一部由平·克勞斯貝（Bing Crosby）主演的電影《假日飯店》（*Holiday Inn*），於是就順手把那個名稱寫在平面圖上。

一年後的 1952 年，第一家假日飯店在往納許維爾的主要高速公路旁邊正式開業。翌年又開了三家。

每一家假日飯店確實都是標準化的清潔旅館，適合闔家入住（兒童不額外收費），而且就在高速公路的出口旁邊，在當時可說是革命性的創舉。後來，這種概念開始生根、擴展，逐漸壯大成全球品牌。假日飯店的主要特徵，就是在五十呎高的路邊招牌上，掛著公司的商標。1972 年，假日飯店在全球已經有一千四百個據點，並登上《時代》雜誌封面，成為「世界的旅店」[79]。

威爾遜並非唯一想出這種點子的人。在德州，名叫康拉德·希爾頓（Conrad Hilton）的年輕人趁著 1920 年代的石油榮景，開始收購飯店[80]。1957年，馬瑞歐（J. W. Marriott）在維吉尼亞州的阿靈頓開了雙橋汽車旅館

（Twin Bridges Motor Hotel）[81]。這幾個人，再加上其他幾位旅館大亨，為大眾市場開啟了路邊標準化連鎖旅館的年代。對當時的旅館業來說，那是前所未有的顛覆性概念。在此之前，旅遊的住宿大多是獨力經營的小汽車旅館，或是昂貴的市區飯店，以及本身就是旅遊目的地的大型度假村。但這時正好創新的條件已經成熟：戰後有數百萬美國大兵返鄉，成家立業，戰後的經濟榮景促成了新興中產階級的蓬勃發展，迅速壯大。數百萬個家庭有錢有閒，有能力買車，又可以自由地到處旅行。此外，多虧艾森豪總統及《聯邦公路法》（Federal Highway Act）的出現，美國進入了大舉興建州際公路的年代。旅遊不再是富人的專利，而是全民皆可享有的休閒。

威爾遜、馬瑞歐（萬豪飯店的創辦人）、希爾頓，還有其他幾位旅館大亨是旅館業的第一批顛覆者。他們的新創概念撼動了整個旅遊產業，創造出大量財富，也為現代的連鎖旅館集團奠定了基礎。

六十三年後的 2015 年 10 月，旅館業的最新顛覆者站在台上，面對一群旅館和房地產公司的高階主管。2015 年，Airbnb 旅遊長康利在舊金山舉行的都市土地協會（Urban Land Institute，簡稱 ULI）秋季大會上，對

與會者說：「我也是你們之中的一員，我就是『老狗能學新把戲』的證明。[82]」這位從旅館創業家轉型為Airbnb高階主管的人，正在跟現場觀眾暢談旅館業的創新史，分享他兩度成為產業創新者的經歷：第一次是1987年創立裘德威精品旅館集團[83]，第二次是現在擔任Airbnb的主管。他帶領觀眾了解現代的旅館顛覆史，從路邊的汽車旅館到所謂的精品旅館，再到短租度假屋或「住家共享」風潮的興起。他想傳達的訊息是：旅館業經歷過產業顛覆很多次，而那些顛覆通常是鎖定某種未被滿足的根本需求，到最後大型的連鎖事業也會加入改變，達到各方皆贏的結果。「時間一久，對現在經營大企業的你們來說，這些改變會讓你們感覺更好。」他說：「久而久之，老字號企業也會逐漸接納那些代表長期趨勢的創新點子。」

Airbnb和旅館業之間的關係很複雜，而且隨著時間經過，關係不斷在改變。Airbnb費盡心思一再強調，它不是旅館業顛覆者，而是和旅館業者良性共存。切斯基喜歡說：「我們要成功，但不用打敗旅館業者。」切斯基和管理團隊常以各種論據來證明這點。例如，Airbnb房客的住宿天數通常比一般的旅館住宿長；Airbnb約有四分之三的房源不在大飯店所在的地區；Airbnb的房源通

常吸引人數較多的旅遊團體。套用科技圈的說法，Airbnb 是不同的「使用案例」（use case）。很大一部分的旅客是住在親友家裡，「所以真要說我們顛覆了什麼，那可能是我們占用了你回老家和父母同住的機會。」切斯基稍早前在這場 ULI 大會上對現場的觀眾這麼說[84]。Airbnb 也指出，2015 年旅館業的住房率創下歷史新高。如果 Airbnb 真的有破壞旅館業，旅館業的住房率如何能創下新高？布雷察席克告訴《環球郵報》（*Globe and Mail*）：「沒有一家旅館因 Airbnb 的出現而倒閉。[85]」切斯基自己不喜歡「顛覆者」一詞，他對 ULI 的觀眾說：「我始終不太喜歡那個詞，因為我從小到大都是班上的搗蛋鬼，那從來不是一件好事。」

旅館業開始有危機感

　　然而，Airbnb 當然對旅館業的生意有所衝擊，它以天數為單位把住宿空間賣給了數百萬人，事業像野草一樣迅速成長，吸引了住宿業最重要的客群：千禧世代。所以 Airbnb 的規模愈大，旅館業愈覺得它是一股深具破壞力的威脅。同時，旅館業也承認 Airbnb 觸及了某個尚未滿足的根本需求，對此感到佩服。2016 年初，精

選旅館集團（Choice Hotels）執行長史蒂夫‧喬伊斯（Steve Joyce）在美洲住宿投資高峰會上對現場的觀眾說：「我欽佩他們，他們看到了我們都錯過的商機。」[86] 旅館業者一邊資助反對 Airbnb 的活動，一邊謹慎地因應 Airbnb，又一邊實驗如何掌握短租趨勢——有人嘗試自己的概念，有人收購或投資其他公司，有人則和數十家「另類住宿」的新興業者建立合夥關係。這些行動促成了有趣且值得觀察的產業動態。

整體來說，旅館業很晚才看出或承認 Airbnb 是他們應該留意的對象。旅遊新聞網站 Skift 共同創辦人克蘭皮回憶，2013 年他和某大連鎖旅館集團的財務長見面。他問那位財務長對 Airbnb 的看法，財務長回應：「什麼是 Airbnb？」2016 年秋季，克蘭皮表示：「旅館業幾乎都沒聽過 Airbnb，他們開始注意到 Airbnb 頂多是一年半以前的事。」旅館業的管理階層大多認為 Airbnb 服務的是不同的客群。

2015 年底，希爾頓全球集團的總裁兼執行長官克里斯多福‧納斯塔（Christopher Nassetta）在法人說明會上表示：「我們思考了很多，做了很多研究。我覺得投資人久了就會明白它是什麼，那確實是很好的事業，但那個事業和我們有很大的差異，我們雙方都有機會發展

出很成功的商業模式。」納斯塔說，Airbnb要複製希爾頓的服務很難，「我覺得我們的核心顧客不會某天突然說：『我們真的不在乎水準一致的高品質商品，我們不需要服務，不需要便利舒適的設施。』我真的不相信他們會那樣。」

2013年，網路媒體集團IAC的創辦人及線上旅遊巨擘Expedia董事長貝瑞・迪勒（Barry Diller）接受《彭博商業週刊》（*Bloomberg BusinessWeek*）的訪問時表示，他覺得Airbnb並未從城市的旅館業者搶走很多生意。他說：「我覺得Airbnb是服務那些害怕旅遊或負擔不起旅遊的人，或者他們用Airbnb排解孤獨[87]。某人家中的房間並不像旅館房間那麼有價值。」紐約房地產開發商理查・雷弗萊克（Richard LeFrak）接受《商業觀察家》（*Commercial Observer*）的訪問時也表示：「會住聖瑞吉斯（St. Regis）高級飯店的人，不會在飯店或民宿之間難以抉擇。[88]」

貝斯特韋斯特旅館集團（Best Western Hotels and Resorts）執行長孔大衛（David Kong）記得2011年參與過一個研討會，有人問他對分享經濟的看法。「當時我說那是不錯的小眾商業模式，我們應該可以共存，可能不會產生太大的衝擊。」孔大衛回憶道：「後來它開始

大幅成長，每年的規模持續翻倍。」

2015 年，高齡八十四歲的萬豪國際集團執行董事長比爾‧馬瑞歐（Bill Marriott）坦承，Airbnb 已經變成競爭者了。他表示：「對我們來說，那是真正的顛覆者。」他指出 Airbnb 在奧蘭多（Orlando）的房源已經比萬豪還多，「在那裡有公寓的人，都可以把公寓放上 Airbnb 出租，而且那裡的公寓相當多。」他坦言 Airbnb 確實是個好主意。「那個概念很棒。」但隨後又不忘補充：「但你確實會擔心你得到的是什麼品質⋯⋯缺乏一致性⋯⋯你可能會想要自備毛巾入住。」他笑著說。

旅館業的領導人已紛紛和 Airbnb 審慎接觸過。2014 年初，六大旅館業者中，有四家的執行長或管理團隊分別造訪了 Airbnb 總部，進行一天或一天半的體驗交流。但隨著 Airbnb 的規模成長，他們和旅館業者的關係也漸趨冷淡，相互較勁的意味愈來愈濃。近年來，旅館業確實業績大好。過去幾年，旅館業處於業務量大漲的週期，2015 年的住房率和每間房間的營收（「平均客房收益（RevPAR）」）都創下新高，但有跡象顯示這個上漲週期可能已經達到頂峰了。2016 年，整體產業的供給開始超過需求。本書撰寫之際，2016 的住房率預期將會持平或下滑，2017 年的需求、住房率、平均每日收費、平

均客房收益都持續減緩。紐約的情況特別低迷，過去幾年的績效始終都很疲軟。

這種疲軟的走勢主要是其他因素造成的，包括美元走強、某些市場供過於求，尤其是在紐約，旅館處於前所未有的興建熱潮。近幾年，紐約人可能會注意到，平價品牌不斷在曼哈頓和布魯克林的路邊開設嶄新亮眼的旅館。不過，Airbnb 帶來的競爭，也逐漸強化了這股疲軟趨勢。在 2016 年 9 月的報告中，穆迪（Moody's）指出 Airbnb「從市場瓜分了需求」是導致旅館業需求成長減緩的一個因素[89]。2016 年世邦魏理仕集團（CBRE）的報告《共享經濟進駐》（*The Sharing Economy Checks In*）最後做出結論[90]：「Airbnb 已經侵蝕了傳統住宿業的生意，而且會持續侵蝕下去。」那份報告還算出所謂的「Airbnb 競爭指數」，並顯示紐約和舊金山受到的影響最大。該公司的資深經濟學家傑米·藍恩表示：「特別是在紐約，我們看到 2009 年以來旅館業的業績非常疲軟，入住率雖然回升，但訂價力消失了，我們覺得那至少有部分可歸因於 Airbnb。」

波士頓大學的研究人員對德州做了另一份經常有人引用的研究。該研究發現，Airbnb 導致旅館的房間收入顯著縮減；在奧斯汀，Airbnb 的存在導致多數不堪一擊

的旅館營收下滑 8％至 10％。[91] 報告顯示，在旺季，有
限的訂價力對旅館造成的影響特別大，尤其是中低階旅
館以及缺乏會議設施的旅館。研究人員發現：「我們的
研究結果顯示，Airbnb 進入市場對現有旅館的風險不僅
顯著，而且與日俱增。」

旅館獲利的一種重要方式是所謂的「壓榨定價」
（compression pricing），亦即在需求高峰期哄抬價碼的
能力。那種日子通常每年只占 10％到 15％，卻是關鍵
的收入來源。Airbnb 令旅館業高層畏懼的一點是，每次
城內舉辦大型活動時，Airbnb 的房源可以立即擴充因應
暴增的需求。以前，旅客需要支付較高的價格，或到偏
遠的郊區才能找到價位合理的住宿地點。現在，他們直
接轉向 Airbnb 就好了。貝斯特韋斯特的孔大衛說：「下
次你去參加大會，你可以問：『你們有多少人是透過
Airbnb 訂民宿的？』你會發現舉手的人愈來愈多，所以
旅館業怎麼能說他們沒受到影響呢？」

即使對某些旅館業者來說，盈利影響不大，但是
Airbnb 的問題在於，不管它今天的影響有多小，它現在
成長迅速，還有近乎零的邊際成本，而且可以在一夕之
間打進新市場，表示它的影響力只會增加，不會減少。
巴克萊（Barclays）的投資人表示：「無論我們今天覺得

Airbnb 帶來什麼風險，我們要知道，它只要以同樣速度
成長，未來一年，威脅就可能變成今天的兩倍。[92]」

　　過去幾年，旅館業高層聯合起來對抗 Airbnb，有些
人身居幕後，有些人的反抗比較公開。旅館業的遊說代
表「美國旅館業協會」（American Hotel and Lodging
Association）積極參與紐約和舊金山的反 Airbnb 運動。
旅館業的高層與代表指出，他們不反對住家分享，但他
們反對「非法旅館」，也就是那些透過 Airbnb 專做租賃
生意的商業房東。他們認為 Airbnb 應該面臨和旅館業
者一樣的競爭環境才算公平。也就是說，房東也應該遵
守旅館業的防火安全標準，符合《美國身心障礙法》的
規定，還要支付該繳的稅金。以前旅館業只覺得 Airbnb
是個有利可圖的小眾市場，如今 Airbnb 已經變成重量
級的對手。旅館業者覺得 Airbnb 之所以能成長到那麼
大，主要是因為 Airbnb 可以在毫無限制的情況下擴張，
太不公平。即使旅館業裡有不少人仍堅信兩者之間並非
直接競爭的關係，那樣的論點也逐漸站不住腳。

搶占企業商旅用戶

　　Airbnb 不能說他們完全沒在覬覦旅館業的生意，因

為他們有部分的成長策略就是鎖定旅館業的核心：商務旅客。那是獲利豐厚的市場區隔，企業客戶非常在乎員工安全，因為萬一出了狀況，雇主要負責。2014 年，Airbnb 宣布與差旅費用管理服務公司肯克科技（Concur）合作，讓 Airbnb 正式成為商務旅行住宿的供應商，Airbnb 也穩定地擴大那個計畫。2015 年，Airbnb 推出「商旅房源」（Business Travel Ready）計畫，提供經認證的整戶房源，必須符合特定的評價及訊息回覆率，達到特定的標準（例如二十四小時皆可入住；內有穩定的無線網路；方便使用筆電的工作區域；提供衣架、吹風機、洗髮精等等）。

　　針對這項產品，Airbnb 對房東的宣傳語是：房源可以掛上特殊標誌，讓一群付費較高、專業又守規矩的房客在大量房源中，一眼就可以找到你，而且房東更容易在住宿淡季或平日出租房源，因為商務旅客通常是預訂週間及淡季的住宿。Airbnb 在商務旅行網站上宣稱：「對任何類型的商務旅行來說，這都是理想的選擇。」並標榜延長住宿、遠離鬧區、幽靜、適合團體旅行。

　　2016 年春季，Airbnb 表示已有五萬家公司和他們簽約，其中絕大多數是員工不常出差的中小企業。不過，Airbnb 也簽到幾家大企業，例如摩根士丹利和

Google。幾個月後，Airbnb 宣布與美國運通全球商務差旅（American Express Global Business Travel）、BCD 差旅管理公司（BCD Travel）、嘉信力旅遊公司（Carlson Wagonlit Travel）等企業差旅界的巨擘建立合作關係，這幾家大企業平時幫很多公司處理差旅需求。從這些合作關係可以看出，公司的差旅部門看到了員工對 Airbnb 的自然需求，也愈來愈肯定 Airbnb。嘉信力旅遊公司表示，他們的資料顯示，有十分之一的商務旅客已經在用 Airbnb，而且千禧世代的使用率更高達 21％。Airbnb 宣布這項合作消息時，新聞網站 Quartz 的標題寫道：「現在旅館業者真正該開始擔心 Airbnb 了。[93]」

Airbnb 旅遊長康利指出，相較於傳統旅館業者，商務旅行在 Airbnb 的業務中仍占較小的比例，估計未來可能會成長到總業務的 20％。他指出，Airbnb 的商務旅客比較年輕，他們出差時的行為模式也不一樣（住宿期間通常較長，一般平均住六天）康利把這個現象歸因於「商務休閒」（bleisure）的潮流，差旅時不忘休閒娛樂。不過，Airbnb 也開始跨入會議和活動的領域：康利在一場有關各種秀展及會議商機的活動大會上演講，他宣傳 Airbnb 是打造個性化差旅的一種方式，並暗示 Airbnb 也許可以成為會議產業的「周邊業者」[94]。另外，

雖然 Airbnb 沒有多談他們在婚禮業的投入，但他們在網站上放上「終極婚禮地點」的願望清單，例如 2016年夏季的清單包括英國十六世紀的石屋、義大利的別墅、加州莫倫戈谷的「Ralph Lauren 風格牧場」。這些地方都還沒有加上「適合婚禮」的標記，但加註標記可能只是遲早的事了。

基於上述原因，Airbnb 很難主張它沒有挑戰到旅館業。不過，旅館業最怕的應該是，Airbnb 的用戶似乎非常喜愛使用 Airbnb。高盛做過一項研究，訪問兩千名消費者對住家分享的態度，雖然整體而言大家對那個概念還不太熟悉，但 2015 年初到 2016 年初，熟悉住家分享概念的受訪者比例從 24％增至 40％。[95] 熟悉這類網站的人中（不只 Airbnb，還有 HomeAway、FlipKey 和其他網站），約有半數使用過這些網站；而且，如果過去五年間住過那類民宿，他們對傳統旅館的偏好度也會縮減一半。研究人員也發現，即使他們利用網站訂房的天數不到五晚，他們的「偏好依然會大幅改變」，而且通常是「一百八十度的轉變」。

歷經多次顛覆的旅館業

當然，旅館業不是第一次遭到顛覆。康利對 ULI 演講時指出，1950 年代，大眾市場導向的連鎖旅館興起，那也是一次顛覆。即使是後來，旅館業也經歷過多次新創事業的衝擊。1960 年代，一些歐洲的創業者想出奇招，把「休閒旅遊」和「擁有房產」結合起來，讓人可以購買房產的「使用權」，而不是直接擁有房產。這樣一來，你的度假地點就是你「擁有」的，而非租來的。這個新模式開始流行起來，不久就傳到了美國。於是，現代的「分時度假」（time-share）產業就此誕生。過一段時間後，大型的旅館品牌也投入該市場。

1984 年，伊恩‧施拉格（Ian Schrager）和 54 俱樂部（Studio 54）的事業夥伴史蒂芬‧魯貝爾（Steve Rubell）推出一種新的旅館概念，把麥迪遜大道上的一棟老宅改建成摩根斯精品旅館（Morgans Hotel），重點放在設計及社交空間。結果，旅館迅速吸引許多時尚客群，成為紐約市的熱門聚會場所。在美國西岸，比爾‧金普頓（Bill Kimpton）也以金普頓旅館（Kimpton Hotels）開創了類似的概念。他把獨特的物件改裝成小型精品旅館，並把重點放在設計感及公共空間的氣氛。

後來金普頓在全美各地拓點，摩根斯旅館則是推出副牌，例如邁阿密的 Delano 旅館、紐約的 Royalton 旅館。當時康利也迅速跟進，創立裘德威旅館集團。一開始，他把舊金山田德隆區（Tenderloin）破舊的鳳凰旅館（Phoenix Hotel）翻新成叛逆的搖滾風格，並鎖定巡迴表演的音樂家。

傳統的連鎖旅館業者一開始不太敢跨足精品旅館市場，但是精品旅館的業績超越了他們。這種個性化、設計導向的新旅館主打新一代的旅客，新生代覺得建築本身的社交互動性和美感有強大的吸引力。當時施拉格接受《紐約時報》訪問時表示：「我覺得我們開創的是產業的未來。只要你有獨特的東西，大家就會蜂擁而至。[96]」不久之後，連鎖旅館也跟進推出精品旅館。1998 年，喜達屋集團開創 W 品牌，其他業者也迅速投入。最近，萬豪集團和施拉格合作，開發新品牌艾迪遜（Edition），目前全球共有四家（還有更多正在籌劃中）。艾迪遜走時尚高檔的設計路線，完全不像一般的萬豪旅館。

近年來，旅館業的另一大威脅來自線上旅遊平台（online travel agency，簡稱 OTA）的崛起，例如 Travelocity、Expedia、Priceline、Orbitz 等網站。這類網

站讓旅客只要上單一網站，就可以取得許多品牌的折扣價。這種新興事業原木只占連鎖旅館業務的一小部分，因為這類銷售平台向旅館業者抽取很高的佣金。而且，由於這類網站負責處理訂房流程，網站直接「擁有」顧客關係，旅館業者只能勉強配合。但九一一恐怖攻擊後，旅客突然停止旅遊了，第三方訂房網站及其大型的平台可以幫旅館業者輕易填滿房間，所以旅館對他們釋出更多的房源。之後，旅館業者一直很難把那些生意收回來自己做。旅館現在常花大錢打廣告，想說服旅客直接到旅館的網站上訂房。這些年來 OTA 累積了大量籌碼，可以向旅館業者要求更好的條件。如今，Priceline 的市值比萬豪、希爾頓、凱悅集團的市值加起來還大。

不過，OTA 雖然有顛覆性，他們並未跟旅館業者搶著提供住宿地點。高盛在上述的調查報告中指出，在其他的消費領域，實體業者面臨著被網路業者取代的威脅，例如 Amazon 對上 Walmart，Netflix 對上百視達等等。所以，住家共享模式（以 Airbnb 為最佳例子）是旅館業第一次面臨實際的替代方案。旅遊新聞網站 Skift 的克蘭皮表示：「Airbnb 對旅遊業的衝擊，比這個時代的任何品牌還要激烈。」

住家共享創始者

當然，Airbnb 不是第一個也不是唯一的住家共享服務。康利在 ULI 的演講中提到，1950 年代，荷蘭和瑞士的教師工會制定了住家交換制度，讓教師可以利用暑假期間到彼此的國家享受平價旅行。不過，現代的線上短租業源自於 1990 年代中期，那時 Craigslist 是大家上網刊登五花八門訊息的地方，所以很多人開始上Cragslist 刊登住家或公寓出租訊息，出租的對象可能是旅客或分租客。

約莫同時，科羅拉多州的克勞斯夫婦在佈雷肯里奇（Breckenridge）想把他們投資買下的滑雪屋租出去，所以自己架設了出租網站「度假民宿」（Vacation Rental by Owner），簡稱 VRBO.com。[97] 當時的度假民宿普遍採用分散式經營，由當地的房地產仲介在旅遊雜誌上打廣告，或是刊登昂貴的分類廣告或設立免付費電話。但克勞斯夫婦的想法是，出租者和承租者應該要能直接交易，所以克勞斯先生在地下室安裝了基本的資料庫，找一些朋友來幫忙，不久就把網站架起來了。那時網際網路才出現不久，他們還以「網站管理員」（webmasters）自居。

當時，那是充滿顛覆性的商業概念，多數旅客度假時仍是住旅館。這個新興產業吸引了對非主流民宿深感興趣的人，甚至有些人大力主張這種新旅遊方式的效益。（這種說法是不是聽起來很熟悉？）

到了 2000 年代中期，VRBO.com 上已有六萬五千個房產，每年吸引兩千五百萬名旅客使用。度假民宿從旅遊業的小眾市場變成一種主流，在國際上也開始流行。後來，大眾對度假租屋的需求遠遠超出了克勞斯夫婦的負荷，他們要先花大錢投資技術和行銷才有辦法因應。所以 2006 年，他們把公司賣給 HomeAway。HomeAway 是一年前布萊恩・夏普斯（Brian Sharples）和卡爾・雪佛（Carl Shepherd）在德州奧斯汀成立的新創事業，目的是把世界各地的度假民宿網站全都整併到旗下。

HomeAway 後來非常成功，整併策略讓它逐漸擴大房源數，從 6 萬件變成現在的超過 120 萬件。HomeAway 就像 VRBO，主要鎖定「第二住家」的出租。HomeAway 逐一收購業界每個業者後，吸引了許多投資人，募集超過四億美元資金，並於 2011 年上市。

多年來，這些網站服務著一個穩健成長的市場。他們主要以線上布告欄的模式運作，讓屋主在網站上刊登

出租廣告，以及管理和潛在房客之間的關係。款項則是由房東和房客直接收付。

　　Airbnb 出現時的營運模式和前述的網站有幾個明顯的差異。Airbnb 的介面比較簡單好用；配對房東和房客的方式比較有人情味；它也讓房東展現個人特質，並以精美的照片展現住家環境。Airbnb 的網站是一套完整獨立的系統，可以處理付款、傳送訊息、客服等一切流程。Airbnb 出現時，正逢矽谷的新黃金年代，剛好可以善用多種創新突破技術，打造強大的技術後台，例如便宜又強大的雲端運算技術、速度飛快的功率、精密的搜尋和配對功能等等。或許最重要的是，Airbnb 不鎖定度假勝地，而是鎖定城市。雖然樹屋和帳篷等房源吸引了不少關注，但 Airbnb 的實際創舉在於，它從一開始幾乎完全是一種城市現象，吸引了關注城市的千禧世代房客，以及想靠都市公寓賺錢的千禧世代房東。

　　雖然 Airbnb 後來的客群已經不只有千禧世代，但 Airdna 的資料顯示，2015 年 Airbnb 上整戶出租的房源中，有 70% 是套房、單房公寓或雙房公寓[98]。所以，這是第一次短租不再侷限於湖邊、海濱或山間別墅，而是世界各地每個城市中的一般公寓。這也是 Airbnb 成長如此迅速的原因，也因此對旅館業構成那麼大的威脅。

不過，這也是為什麼最初對 Airbnb 感興趣的房東和房客都不是從度假民宿網站轉來的，他們是全然不同的客群。

產業巨人甦醒

長久以來，旅館業不把 Airbnb 放在眼裡，後來終於開始慢慢面對「Airbnb 問題」。旅館業的管理高層開始在業界舉辦的活動中公開談論 Airbnb。2016 年，在紐約大學國際旅館業投資大會（NYU International Hospitality Industry Investment Conference）上，幾位執行長陸續上台演講，談及 Airbnb 進入「第二階段」，並指出為什麼 Airbnb 無法與旅館業競爭，以及旅館業的強項——他們指出，旅館業是顧客導向及服務導向，永遠會有顧客存在，旅館業只需要加強優勢。旅遊新聞網站 Skift 指出，這些執行長的反應「出奇地溫和平淡，尤其和消費者對 Airbnb 的狂熱相比，更顯淡定。」[99]

不過，有些人表示旅館業確實需要注意 Airbnb。卡爾森瑞德旅館集團（Carlson Rezidor Hotel Group，美國 Radission 連鎖旅館的母公司）的營運長和執行副總裁賈維爾·羅森伯格（Javier Rosenberg）在會場上告訴觀

眾，儘管 Airbnb 的顧客可能和旅館不同，也比較偏向休閒，但 Airbnb 的成功確實有值得研究之處：「Airbnb成功打出『家的概念』以及殷情款待客人的房東，」他說：「真正做得好的房東和他提供的優質服務，是真的以微笑歡迎你，熱情招呼你五、六、七天——我們從經營者的角度來看，如何把那種體驗包裝成商品？」

　　無論有沒有 Airbnb，旅館業者早就為了爭取千禧世代顧客而重新改造事業，這個龐大的新客群在習慣和品味上，都與前幾個世代明顯不同。過去幾年，各大連鎖旅館都鎖定年輕族群，努力設計新品牌。萬豪集團除了和施拉格合作開發新品牌艾迪遜，也為預算有限、萬豪集團口中的年輕「尋樂者」（Fun Hunters）推出全球連鎖的時尚平價旅館「莫克西」（Moxy），還有另一個較為精緻的城市旅館連鎖「萬豪 AC」（AC Hotels by Marriott）。希爾頓則推出 Tru 和 Canopy 兩個品牌，據說他們正考慮為更年輕的族群推出類似青年旅館的新連鎖事業。貝斯特韋斯特集團推出兩個時尚的精品旅館品牌：GLò 針對郊區市場，Vib 則是「時尚的都市精品旅館」。幾乎每家旅館業者都在加強他們認為能吸引千禧世代的細節和感覺，包括無鑰匙進出、串流內容、充電站，與 Uber 和 Drybar 等品牌合作等等，甚至有旅館嘗

試只用表情符號溝通的客房服務。

　　旅館業者正努力把握這一波促成 Airbnb 興起的消費者轉變，不再標榜自己是提供標準化的制式商品。皇家加勒比海國際郵輪（Royal Caribbean）的最新廣告宣稱「旅遊指南裡找不到的旅程」。香格里拉飯店（Shangri-La Hotels and Resorts）則是鼓勵顧客「把枯燥乏味拋諸腦後」。2016 年春季，凱悅宣布推出「凱悅臻選」（Unbound Collection by Hyatt），那是一群獨力經營的高級旅館，每家旅館各有名稱，各自展現獨樹一幟的特色，為整個系列帶來「豐富的社群特質」。該集團也提到，未來的凱悅臻選可能包含非旅館商品，例如泛舟和其他體驗，以及「另類住宿」。凱悅執行長馬克・霍普拉梅席恩（Mark Hoplamazian）宣布推出新品牌時表示：「這是旅宿精選，不只是旅館而已。[100]」

　　霍普拉梅席恩也主張，顧客的體驗中應該融入更多的「同理心」，盡量去除程序、政策和規範。例如，凱悅重新設計入住報到程序，讓過程不再以電腦操作為主，增添了點人際互動性。霍普拉梅席恩也要求「讓員工展現本色」，廢除標準制服，鼓勵員工（在合情合理的範圍內）以自己想要的方式穿著打扮，不必拘泥範本，更自在地展現自我。他說，這樣做的目的是「為了

讓人情味回歸旅館業」。

2016 年年中，精品旅館業者集結到紐約，參加精品時尚旅館業協會（Boutique and Lifestyle Lodging Association）的年度投資大會。施拉格上台告訴旅館業者，他們應該擔心：「Airbnb 是靠你們孩子那一代崛起的。」他也補充提到，無論旅館業想不想理會 Airbnb，它對旅館業都是一大威脅。那番話促使該協會成立正式的顛覆委員會（Disruption Committee），目的是了解旅館業如何創新及因應競爭。

旅館業的各種轉型嘗試

旅館業者目前為止最引人注目的回應，是親身測試「短租」市場的水溫。凱悅集團是最早的行動者，2015年春季，它取得英國豪宅短租公司 onefinestay 的部分股權，這家成長迅速的公司專做頂級市場並提供附加服務。凱悅投資的股份不多，但那筆投資可以算是旅館業者首度意識到民宅出租這個市場，新聞標題寫道：「大型旅館業者看出住家租為可行業務的最明顯跡象」[101]。約莫同一時間，旗下有華美達（Ramada）和旅屋（Travelodge）兩大品牌的溫德姆旅館集團（Wyndham

Hotels）也投資另一家倫敦的新興企業、經營會員制的住家交換平台 Love Home Swap。洲際旅館集團（InterContinental Hotels Group）則和挪威網站 Stay.com 合作，Stay.com 由在地人專門為旅人提供旅遊建議。

2016 年初，精選旅館集團表示將在美國某些景點和度假租賃管理公司合作，推出精選旅館度假租賃（Vacation Rentals by Choice Hotels），提供異於傳統旅館的另類新服務。「那是很大的市場，」執行長喬伊斯說：「我們不必搶下太多市占率，獲利就可以很好。[102]」萬豪集團尚未進入短租市場，但 2016 年年中宣布推出都市分時租賃（time-shares）新品牌「萬豪渡假會館」（Marriott Vacation Club Pulse）。

目前最具前瞻性的旅館業者，是法國的雅高集團，旗下有索菲特（Sofitel）、萊佛士（Raffles）、費爾蒙（Fairmont）等品牌。雅高集團最引人注目的就是它對於分享經濟的積極投入。2016 年 2 月，集團宣布取得邁阿密新創企業綠洲公司（Oasis Collections）的 30％股權，綠洲公司專做頂級市場，以短租型的精品旅館自居。同一天，雅高集團也宣布投資法國短租新創企業 Squarebreak。幾個月後，雅高展開規模最大的行動，以 1.7 億美元收購 onefinestay。這對雅高來說只是一筆小

交易，但意義非常重大。因為這個交易首度證實，「另類住宿」在傳統的旅館品牌組合中也有一席之地。雅高執行長巴辛對於短租公司為旅館業帶來的改變直言不諱，他接受旅遊新聞網站 Skift 的訪問時表示：「打擊這類新概念、提案或服務都是愚蠢且不負責任的，更何況是反抗分享經濟。這是世界的走向，那些新服務很強大，而且執行得很好，你只能欣然接納它。[103]」

事實上，目前這一小群短租企業已經構成一個小產業。無論是在 Airbnb 之前或之後創立的，目前這個類別就有 Roomorama、Love Home Swap、Stay Alfred 等數十家公司。有些已被旅遊業巨擘收編，例如貓途鷹（TripAdvisor）旗下有 FlipKey 和 HouseTrip；Priceline 旗下有 Booking.com；2015 年秋季，Expedia 以 39 億美元收購短租業先驅 HomeAway 及它的 120 萬個的房源。

有些新創開始嘗試自創的新概念，當這些大膽的概念日益普及時，就是市場開始細分的證據。Onefinestay 是第一個締造出佳績的業者。2009 年，三位有科技和商業背景的朋友一起創立這家公司，在頂級的短租市場中開拓出一席之地，外界常形容它是「豪華版的 Airbnb」。想當房東的人要向公司提出申請，接受審核，並符合特定標準，例如有一定要有多少個酒杯、床

墊的厚度也有規定。開放接受訂房前，公司員工會親自造訪房源，進行豪華大改造：打掃乾淨，清除雜物，更換床單，適度地消除原居住者的痕跡，搭配蓬鬆的羽絨被及高級床單，並提供洗髮精和肥皂 [104]。

onefinestay 標榜它是「非旅館」（unhotel），它會派員工去迎接顧客入住，現場也會提供體貼入微的服務，包括入住期間為旅客配備一支個人用的 iPhone、全天候的遠距禮賓服務、還有一群供應商隨時待命提供客房服務。這種頂級的服務模式相對無法擴展，因為每個房源都需要事先核准並進行豪華改造，所以目前為止 onefinestay 只在五個城市營運，共有 2500 個房源。但是它就像 Airbnb 一樣，靠著口耳相傳逐漸壯大。

2006 年，住在紐約的帕克‧史坦貝瑞（Parker Stanberry）因為米拉麥克斯影業（Miramax Films）與迪士尼分家而被資遣。他決定去布宜諾斯艾利斯住三個月，需要在當地找住的地方。史坦貝瑞透過房地產仲介及 Craigslist，經過好一番折騰後，終於找到一個地方，但抵達當地時，發現那裡沒什麼服務，尤其缺乏人情味以及精品飯店裡常見的熱鬧酒吧和社交場合。於是，他想出綠洲公司的概念，把精品旅館的元素帶進短租公寓的世界裡。當時 Airbnb 尚未出現，但史坦貝瑞的路線

本來就和 Airbnb 不同。它的規模比較小，不涉及房東招待，把重點放在服務，有員工在現場協助賓客入住和退房、附近有會員俱樂部，還有連鎖健身房 SoulCycle 等地點，讓房客自由地造訪。他稱這種商業模式為「解構型精品旅館」，或者，誠如他的描述，跟 Airbnb 比較起來，綠洲「消除了一些不確定性，但添加了許多卓越的特質。」目前綠洲在二十五個城市裡有兩千個房源，價位約從 120 美元起跳，它提供的選項比 onefinestay 多，目標是把觸角延伸到一百個城市。綠洲也在其他網站上刊登房源，包括 Airbnb 和 HomeAway。

綠洲公司已經累積不少成果，例如 2016 年里約舉辦奧運時，他們的房源為 Nike、Visa、BBC 等企業團體提供住宿服務。史坦貝瑞表示：「企業可以來找我們，告訴我們的統一窗口：『我們要為公司同仁準備三十戶中等的住宿，為大客戶準備五十戶高級的住宿，還有為運動員和執行長準備幾戶別墅。』我們都可以幫忙安排。」他坦承自 Airbnb 成功後，短租網站突然大增，「現在，要在首輪募資中募集一百萬到三百萬美元，在舊金山或倫敦小試一番，一點也不難，」他指出：「但要實際做出有足夠差異化的產品並擴大經營規模，就比較困難了。」

　　另一個新推出、走混合式概念的 Sonder，是前公司 Flatbook 的重新推出版本，標榜帶有旅館特色的短租住處，並以「住家旅館」（hometel）自居。就像其他的業者一樣，Sonder 把焦點放在補足 Airbnb 這類大型短租網站「品質參差不齊」的缺點上，最近募集到一千萬美元的資金。另外，旅館業的新點子也紛紛出籠，例如 Common 公司推出靈活的住屋共享模式，主要位於布魯克林；新旅館品牌 Aero 則主打他們是「城市探險家的基地」。

　　這些都屬於迅速成長為主流的「另類住宿」，很多旅館業者也都想搭上這一波熱潮。這種住宿有很多種分類方式，但有不少業者從網站設計、友善氣氛到評價系統都和 Airbnb 出奇地相似。總之，這種有別於傳統旅館的新興概念已經扎穩了根基。綠洲的史坦貝瑞說：「在住宿這個龐大的市場中，這是日益成長的重要領域，而且它無疑還會繼續成長下去。」

旅館無可取代之處

　　當然，旅館永遠都會有市場，而且市場還很穩固。許多人無論如何都不肯住民宿，即使服務再高檔都不願

意。萬豪集團的蘇安勵（Arne Sorenson）指出，Uber之所以崛起，是因為它提供的服務品質遠優於計程車，在許多城市，計程車的服務不僅糟糕，還很難招到車。他接受《表觀》（Surface）雜誌訪問時表示：「在旅館業，我還是覺得旅館可以提供較好的服務，所以我們面臨的風險不太一樣。[105]」貝斯特韋斯特的孔大衛也說，旅館提供了Airbnb無法提供的東西，例如大廳、社交聚會空間、人員迎接、隨時可打電話給服務台要求額外的毛毯、遇到任何東西故障時可以找人來修。他說：「這些特色只有旅館才有。」

以前我的一位同事把旅遊當成終身的樂趣，她說她絕對不可能住民宿：「我想待在比我的公寓還大的地方，有潔白的床單、超大的電視和良好的空調。」她也很愛旅館的客房服務：「我喜歡他們推著小推車送餐點進來，花瓶裡插著鮮花。」萬一遇到隔壁的房間太吵或是東西故障，她知道她可以馬上打電話給服務台，服務台會立刻派人來處理或是幫她換房間。我明白她的意思，我自己負擔得起旅館消費或公司願意買單時，我也愛住高級旅館。上次我在喬治城住Airbnb的民宿時，房東以「四季飯店貴婦」來稱呼我不是沒有原因的。Nike在巴西奧運期間雖然透過綠洲公司解決部分住宿需求，但史坦貝

瑞指出，綠洲也幫他們代訂很多旅館房間，包下里約某家旅館的房間來讓他們使用。

不過，旅館業版圖正在改變也是不爭的事實。一位曾在旅館業擔任高階主管的人說，他一開始也不覺得 Airbnb 和類似的短租業者有什麼威脅。如今回顧過去，他知道為什麼以前會那麼想。「我是以四十幾歲的觀點來看這一切，我只想到那床單呢？床墊呢？怎麼拿到鑰匙？我滿腦子都是老一輩的恐懼。」他說，年輕世代沒有那種恐懼和偏見，他們從以前就習慣有 Airbnb 存在的世界。年輕人是「Airbnb 原住民」，就像他們是數位原住民一樣。對這個族群來說，住旅館就像透過固網打電話、親自跑銀行、或是在電視節目的播放時間準時收看節目一樣。那位主管說：「Airbnb 教育了整個世代。」他也指出，自從 Airbnb 可以運用資料來精確預測及提供消費者想要的東西以後，它也變得更加強大。「我覺得跟 Uber 或 Airbnb 對抗，穩輸無疑。」

合作的未來

未來可能的情況是大型旅館業者和短租網站合作，一起提供兼具兩者優點的商品。目前這類實驗性的例子

已經出現，在雅高集團收購 onefinestay 之前，凱悅曾經投入資金，取得 onefinestay 的部分股權。兩家公司在倫敦測試了一種新方案：onefinestay 的客人提早抵達倫敦時，可以先把行李寄放在倫敦邱吉爾凱悅飯店（Hyatt Regency London-the Churchill），也可以使用旅館的淋浴和健身設施或享用餐點。Room Mate 是歐美兩地新出現的平價連鎖旅館，除了旅館以外，也同時提供一些精選公寓。選擇住精選公寓的旅客可以把旅館當成禮賓中心：先到旅館領取鑰匙，再入住公寓，甚至可以跟旅館要求客房服務，並選擇清掃人員來打掃的頻率。旅館業界很多人認為，這種模式日後會愈來愈普及。

旅館業的分析師也鼓勵旅館業者效法 Airbnb 的配銷方式。Airbnb 已經變成一個強大的行銷平台，可以觸及數百萬名顧客，有些旅館也覺得那是吸引顧客的好方法。在 Airbnb 上，專業住宿供應者或專業民宿經營者提供的房源約有三十幾萬個。切斯基表示，只要這些房東提供的住宿經驗不錯，他很樂於接納這類流量。「我們想要民宿，也接納一些走精緻路線的業者。我確實希望小型業者和專業人士知道，Airbnb 上也有提供專業住宿的空間。」

但是對旅館業的一些領導者來說，與 Airbnb 合作

無異是與敵人共枕。貝斯特韋斯特執行長孔大衛一向很理性看待 Airbnb，但他也堅信，旅館業與 Airbnb 合作會是嚴重的錯誤，就像之前旅館業變得太依賴 OTA 那樣，是在重蹈覆轍。孔大衛在部落格發文指出：「知名作家兼劇作家蕭伯納曾說：『成功的關鍵不再於從不犯錯，而在於不重蹈覆轍。』」（孔大衛和切斯基可能會意外地發現，他們兩人都很愛引用蕭伯納的話。）

　　未來，旅館業和 Airbnb 的關係可能會變得更加緊繃。Airbnb 仍表示他們想和旅館業友善相處，聲稱他們真的沒在跟旅館業競爭。但那種充滿善意的說法，卻和其商業模式相互抵觸，早在 2008 年丹佛舉行民主黨全國代表大會時，Airbnb 就已經標榜是讓旅客可以像預訂旅館那樣輕鬆預訂民宿的平台。而且，隨著 Airbnb 不斷進化，它的商業模式愈來愈接近旅館，例如往商務差旅的市場發展、推出「即時預訂」房源（讓旅客馬上訂房，就像直接在旅館的網站訂房，不需等候房東批准）。

　　從一開始，Airbnb 的創辦人就鼓勵房東提供「七星級的服務」，亦即超越旅館業的五星級服務。2013 年，切斯基在爐邊聚會中接受萊西的訪問時，提到一般人住旅館的三個原因：順暢的訂房經驗，事先知道自己會住進什麼房間，得到什麼服務。他逐一解釋 Airbnb 如何

提供那幾點服務：他說，Airbnb 在訂房操作方面會變得愈來愈順暢，以後的商品也會更一致，「任何城市的房東都可以提供類似旅館的服務」[106]。

Airbnb 早期有一句標語是「忘了旅館吧！」，2014年在測試禮賓服務時，切斯基曾利用禮賓服務送花給女友艾莉莎・派特爾（Elissa Patel）：「親愛的艾莉莎，旅館去死吧。愛你的布萊恩。」那句話後來成為他們內部的笑話，一位朋友建議把那句話變成公司的內部標語，不要讓外界知道，但後來有一張照片在網路上曝光，引來一些關注[107]。有些業界觀察家認為，那張照片終於證實 Airbnb 和旅館業之間確實存在一些衝突。房地產網站 Curbed 評論：「Airbnb 和旅館業的恩怨也該證實了，這是這個時代的競爭。」

在 Airbnb 裡，還可以聽到另一句話。那是 2013 年康利第一天加入 Airbnb 時，對四百位員工說的話。現在他們肯定還經常引用那句話，因為我提到 Airbnb 和旅館業的競爭問題時，至少有三位高階主管引用同一句話：「甘地有句名言，他們先是忽略你，繼而取笑你，接著攻擊你，再來你就贏了。[108]」

第 7 章

成為歐巴馬都稱讚的領導者

門外漢要領大軍，不只要是學習狂，還必須是無限學習者

「從事設計他如魚得水，但基本上他受過軍隊式的領導訓練。」

——安德森霍羅威茨公司共同創辦人馬克‧安德森

「我想趁機讚揚一下切斯基。」歐巴馬在台上說。

2016 年 3 月在古巴的哈瓦那，歐巴馬參加了一場慶祝美國和古巴恢復商業關係的活動。他帶了一群美國創業家一起來參加，這些創業家在兩國恢復外交關係後，隨即在古巴展開營運，其中包括切斯基，還有矽谷新創公司 Stripe 和 Kiva 的執行長。

但歐巴馬特別稱讚了切斯基，他接著說：「古巴的朋友們可能不認識切斯基，你可以看到他有多年輕。他創立的 Airbnb 一開始只是他和共同創辦人的突發奇想，

那幾位共同創辦人今天也在現場。切斯基,你們是多久前創業的?」切斯基從旁邊的貴賓席上回答:八年。「現在公司的估值是多少?」切斯基開始猶豫了,他不好意思回應,總統說:「別害羞。」切斯基說:「250 億美元。」歐巴馬又複述一次:「250 億美元,是『億』嗎?」切斯基回應:「是。」歐巴馬接著跟現場的觀眾解釋,為什麼切斯基是美國「傑出的年輕創業家」,並大讚 Airbnb 平台。他指出,現在德國隨便一個人都可以上 Airbnb,搜尋古巴有哪些民宿可以承租,評估房東及房源的評價。歐巴馬解釋,網站上還有評比,所以「你到現場時,實際看到的房間和網站上看到的一樣」。如果房客以前用過 Airbnb,房東也可以看到他「以前沒在其他地方搞過破壞」[109]。

　　總統那番話除了展現他對 Aribnb 評價系統的熟悉,主要想傳達的訊息是:只要適度投資網路基礎建設,像切斯基那樣的創業潛力就能充分發揮。但是對切斯基、一起前往古巴的創業伙伴,以及在舊金山觀看這場活動的親友來說,這是前所未有的體驗:被自由世界的領導人公開「表揚」。

跟公司一起超速成長

Airbnb 的故事中最獨到的特質之一，不是突發奇想的創業怪點子、和立法機關的對立，也不是用戶群的迅速成長，而是創業團隊（尤其是執行長）完全欠缺傳統的管理經驗，還有他們必須以多快的速度，學習如何領導一家超大企業。

Airbnb 已邁入超速成長的第九年，如果把他們的成長曲線比做曲棍球棍，目前他們大概是處於球棍上揚位置的中段，幾乎每年營收翻倍成長。像這種成長大爆發，一般只會維持一兩年頂多三年。但 Airbnb 從 2009年進入這個階段以來，目前仍處於這個狀態。

對所有的參與者來說，那種近乎垂直的成長可能令人眼花撩亂，尤其對沒有經驗的領導高層來說更是如此。在科技界，用來表示「跟上」或「超前」這種成長速度的行話是「擴張」（scale）。矽谷的歷史中充滿了創業者離開公司，或是公司成長到某個規模後，因權力鬥爭、金錢糾葛、性騷擾事件或各種原因而分家的實例。但切斯基、布雷察席克和傑比亞卻很不尋常，他們創業至今九年，三人依然合作無間，一起操控這台急速升空的火箭。我訪問過的人之中，沒有一個人可以在目前的

科技榮景或任何科技公司中，找到類似的創業三人組。這些年來，他們擔任的角色也隨著個人優勢而持續演變，如今已和早期大不相同了。過程並非一路順遂，但他們在毫無經驗的狀況下設法跟上步調、學習領導這家業界巨擘的方式，也許可以成為培養領導力的新典範。

對身為執行長的切斯基來說，這段學習過程最為特別。他也是三人之中，唯一在創業之初毫無任何商業經驗的人。切斯基說：「之前我對企業經營一竅不通，任何東西對我來說幾乎都是全新體驗。」

但他也沒有時間以傳統的方式學習當執行長。有些執行長是在前任執行長栽培下慢慢接手，有些是從經營公司的某部門晉升為掌舵者，有些是去念 EMBA，但這些方法都無法套用在他身上。就連接受任何正式的培訓也不可能，因為根本沒有時間。公司成長得太快，幾乎每隔幾個月就像蛇脫一層皮，隨時都必須應付來自四面八方的考驗，還要培養整個企業文化，每個人都需要切斯基提供遠見和方向。Airbnb 需要他馬上就當一位稱職的執行長，無法等他慢慢來。「基本上沒有時間讓你拉學習曲線，」切斯基引用另一位歷史人物的說法：「就像前美國國防部長勞勃・麥納馬拉（Robert McNamara）所說，正在打戰的人不會有學習曲線，領導新創企業也

是如此。」

　　而且，這個新創企業比一般的 app 或社群網站更複雜。Airbnb 的事業是以一個簡單的概念為主軸，但是那個簡單好用的網站背後，還牽涉到重重的商業和營運挑戰，遠比表象複雜許多。創業的過程中，紅杉創投的執行合夥人道格‧萊昂內（Doug Leone）一度把切斯基拉到一旁說，他面對的執行長工作是紅杉投資的所有公司裡最困難的。萊昂內指出，除了科技公司常面臨的挑戰，Airbnb 也比其他公司更全球化：遍及近兩百個國家，在那些地方都需要設立辦事處和人員，也必須搞清楚國際營運。Airbnb 基本上也是一家付款公司，每天處理的交易金額多達數十億美元，所以切斯基也要擔心交易中可能蘊藏著詐騙和風險。Airbnb 每晚讓數萬人睡在陌生人的床上，有很多機會發生可怕的意外，更何況還有日常的誤解和文化差異。此外，還有法規問題，Airbnb 需要投入大量的時間、心力和公共政策資源，逐一在每個城市處理那些問題。

永不滿足的學習狂

　　切斯基已經具備兩個讓他迅速蛻變成領導者的關鍵

技能：在 RISD 求學時，他就很擅長領導團隊；另外就是他有近乎病態的好奇心。至於他如何迅速學會其他的必要技能，基本上是靠著一群專家導師，大量吸收前輩的經驗。不過，任何執行長都可以向大師請教，切斯基的請教過程則是一種類似強迫症的學習，永無止境，而且有條有理。他說他的學習方法是「直追源頭」：他不是找十個人討論某個主題後，再綜合他們的意見。他的方法是，先花一半的時間了解誰是權威，再直接去找那個人求教。他說：「只要找對源頭，就可以加速學習。」

他從 Airbnb 草創時期就是採用這種方法。一開始他每週都去找賽柏和 Y Combinator 的葛蘭，後來他每週都會在洛可斯餐廳和紅衫創投的麥卡杜共進早餐。接下來，Airbnb 取得第二輪資金後，他有更多的機會接觸到霍夫曼、安德森、霍羅威茨等矽谷的指標人物，這些人在矽谷創業方面都是大家眼中的大師。

隨著 Airbnb 愈來愈成功，創辦人能接觸到的頂尖人物也更多了。切斯基開始針對特定的專業領域，徵詢專家的意見。例如，向 Apple 的強尼‧艾夫請教設計，向 LinkedIn 的傑夫‧韋納（Jeff Weiner）及迪士尼的鮑勃‧艾格（Bob Iger）請教管理，向 Facebook 的祖克柏請教產品，向雪柔‧桑德伯格（Sheryl Sandberg）請教

國際化拓展以及授權女性領導者的重要。對切斯基來說，eBay 的杜納霍是特別重要的良師益友，他指導切斯基如何擴張營運，管理董事會，以及身為大型市集平台的執行長所要面對的種種課題。其實杜納霍也從切斯基的身上學到不少寶貴經驗，例如他會詢問切斯基對設計和創新的意見，以及如何讓 eBay 保持年輕靈活。切斯基從韋納那裡學到，移除績效不彰的管理者很重要；他也從 Salesforce.com 執行長馬克・貝尼奧夫（Marc Benioff）那裡學到如何激勵管理團隊。此外，他還可以徵詢一群同世代的創業家組成的互助團體，包括 Uber 的崔維斯・卡蘭尼克（Travis Kalanick）、Dropbox 的德魯・休斯頓（Drew Houston）、Square 的傑克・多西（Jack Dorsey）、Lyft 的約翰・季默（John Zimmer），他們經常和彼此分享各種心得，從如何經營新創公司，到如何在友誼、人際關係、生活的其他要素之間拿捏平衡等等。

切斯基的學習法有一大關鍵原則：尋找專家時，要發揮創意，而且要在意想不到的領域找尋權威。例如，切斯基找上中央情報局前局長喬治・泰內特（George Tenet）時，不是向他請教信任和安全，而是討論文化，他心想：「在每個人都是間諜的地方，你如何讓大家致

力投入工作？」。至於餐旅業，他不是去請教萬豪或希爾頓等集團大老，而是跑去名廚開的 French Laundry 餐廳，研究那家傳奇餐廳如何善待顧客及擺盤。在招募人才方面，他認為招聘人員雖然是很明顯的領域專家，但更好的請教對象應該是那些靠挖掘人才為生的人，例如為體育界挖掘明日之星的球探，或是太陽馬戲團的領導者。我和切斯基討論這個主題時，他聊到一半，突然停下來看著我說，我也是他請教的對象。「其實我也從這裡學習，」他指著我的筆記說：「如果我想學習如何面試應徵者，最明顯的學習對象是其他的高階管理者，但是更好的請教對象其實是記者。」

當然，切斯基站在特別有利的立足點。他可以接觸到很多頂尖人物，不是每個人都可以聯繫強尼・艾夫、祖克柏或傑夫・貝佐斯（Jeff Bezos）。但切斯基堅持，無論地位高低，你永遠可以找到良師益友。他說：「我以前當設計師、失業的時候，也是跟很多人見面，我不怕丟臉。」他指出，事實上，當初失業時就算有機會請教那些頂尖人物，也還不見得對他有幫助。「在那種情況下，我在對話中無法回饋什麼。重點是你要挑至少比你領先兩三年的人。」紅衫創投的林君叡說，很多執行長也有類似切斯基的人脈，卻沒有像切斯基那麼成功。

他指出：「我覺得人脈很有幫助，但那個人本身必須要有潛力才行。」

此外，求教的對象也不必是在世之人。切斯基從閱讀兩大偶像的傳記中，獲得了一些最寶貴的心得：華德·迪士尼（Walt Disney）和賈伯斯。他也從巴頓將軍、前國防部長麥納馬拉等歷史人物，數十位管理權威的著作（他最喜歡安迪·葛洛夫的《葛洛夫給經理人的第一課》（*High Output Management*）），以及《康乃爾餐旅季刊》之類的專業資源中學到很多。切斯基平日的閱讀量很大，但光那樣說，還不足以描述他的求知欲。每年他都會帶全家去度假，通常是在年節時，他的充電方式就是趁放假時盡量讀書。他的母親黛波說，放假時他總是「手不釋卷」。「全家吃飯的時候，他也在看書。」放假時，他會趁機草擬每年寫給員工的信，「一寫就是好幾個小時、好幾天，寫個不停，」黛波說：「他還會唸給我們聽，我們都覺得已經夠好了，他還會再修改個五十遍。」

另一個關鍵的請教對象就是巴菲特。切斯基和巴菲特曾稍微討論過如何在波克夏海瑟威公司（Berkshire Hathaway）舉行年度股東大會期間，為奧馬哈市（Omaha）擴充足夠的住宿地點。每年的股東大會就像

投資界的胡士托音樂節（Woodstock），吸引四萬多名股東湧進奧馬哈市，擠爆當地的旅館。但切斯基也想把巴菲特列為請教對象，所以他主動找上巴菲特，問他能不能去奧馬哈跟他共進午餐。巴菲特答應了，結果那場午餐持續了四個半小時。切斯基說：「本來我以為只見面一小時。我們在他的辦公室裡聊了一小時後，他說：『我們去吃飯吧！』我說好啊，原本我還以為剛剛那一個小時就是午餐。」那一次見面，切斯基最大的收穫是：不受雜訊干擾很重要。「巴菲特把自己完全放在奧馬哈這個地方，那裡看不到股票報價，看不到電視，他整天都在讀書。他每天可能只開一次會，而且思考極為深入。」回程路上，切斯基把那天的經歷寫成四千字的概要，發給他的管理團隊。其實巴菲特也做過類似的事，他在切斯基那個年紀時，曾經到迪士尼企業總部拜會華德·迪士尼，進行了類似的長談。會後，巴菲特也把過程寫下來。巴菲特說：「我到現在還留著那次的會後心得。」

巴菲特對切斯基和 Airbnb 留下深刻的印象，「那是非常大的住宿供應機器，也許不是每個人都喜歡。老實說，以我這個年紀和習慣來說，我不太可能去使用 Airbnb。但它顯然對房客和房東都有很強的吸引力。」

他也覺得 Airbnb 的社交元素是構成那種吸引力的一大原因，並回想起以前他和家人常在家裡招待訪客，「多年來，有很多人來我家借宿。」他說麥戈文競選總統期間曾經住在他家，其他政壇領袖以及來自蘇丹和世界各地的學生也住過他家。巴菲特說 Airbnb「有助於創造有趣的體驗，將會是市場上的一大勢力，但希爾頓、萬豪和其他的旅館連鎖事業也是。」不過，他對 Airbnb 的成長速度相當佩服，尤其是迅速擴充房源的能力。他說：「Airbnb 有很多優勢，我真希望是我自己想到那個點子。」

認識切斯基的人幾乎都普遍認為，他有極度的好奇心，隨時渴望吸收新知。「切斯基的最大優點是，他是學習機器，」霍夫曼說：「那是每個成功創業者都具備的技能，我稱之為『無限學習者』，切斯基就是典型的例子。」霍夫曼回憶，Airbnb 剛創立的那幾年，有一次他在台上訪問切斯基。活動結束後，他們一起下台，還沒走完樓梯，切斯基就轉頭問霍夫曼，剛剛的訪問有沒有什麼需要改進的地方，霍夫曼說：「我們才剛談完，但他第一個想到的就是徵詢意見。」

切斯基隨時都在寫筆記，紅衫的林君叡說：「他第一次聽到新概念時，可能什麼都不會說，但他常用

Evernote 記錄東西。如果你提到有趣的事物，他會寫下來。回去後，他會回顧筆記，好好思考，並找人討論，等你下次再見到他時，他已經得出一套自己的看法了。」林君叡和其他人都認為，堅持不懈的學習心態，是切斯基能夠大幅擴張 Airbnb 的主因。「沒錯，他是產品導向的，他堅持一定要提供卓越的顧客價值主張，」林君叡說：「不過，我們認識的很多人也很在意那點，但他們都無法像切斯基那樣大幅擴張。」

安德森指出，切斯基與眾不同的一點是，他很樂於接受挑戰。「我和切斯基討論時，從來不會聽到他說：『天啊，麻煩大了，應付不完。』他總是在找下一個新概念。」

eBay 的杜納霍說：「他是學習狂。」

切斯基除了熱愛學習，也熱愛分享學習心得。例如，拜會巴菲特後，寫下四千字心得，寄給員工，這種事情很常見。2015 年起，多數的週日夜晚，他都會寫一封信給全體員工，談他學到的新東西或正在思考的議題，或是他想傳達的原則。他說：「在大公司裡，你必須很擅長演講或寫作，因為那會變成你的管理工具。創業初期，只有四個人圍著一張餐桌，所以互動方式不一樣。」他最早寫給員工的長信，是一篇連載三週的文

章。那篇文章的主題也很貼切：如何學習。

切斯基顯然先天就有超凡的專注力。母親黛波說：「你從他小時候就看得出來，他解決任何事情時，都是全力以赴。」切斯基的童年過得很普通，他在紐約州的尼斯卡永納成長，那裡屬於斯克內克塔迪（Schenectady）郊區，父母都是社工人員，妹妹艾莉森是青少年雜誌出版商 Tiger Beat Media 的主編，最近剛離職自己創業。切斯基的第一個嗜好是打曲棍球，他從三歲開始溜冰，不久就立志當下一位韋恩·格雷茨基（Wayne Gretzky）。某年聖誕節，他收到的禮物是曲棍球球具。他堅持戴著球棍、護具、冰鞋、頭盔，全副武裝上床睡覺。他的母親說：「我們說他那樣看起來很像甲殼類動物。」

後來，當他明顯看出自己無法成為下一個格雷茨基時（切斯基說：「運動是唯一能讓你迅速知道個人極限的事情。」），他開始愛上藝術。早年他喜愛繪製及設計 Nike 球鞋，他從那些塗鴉中逐漸展露出插畫天分。高中時，美術老師告訴他的父母，這小孩有潛力靠藝術出名。切斯基竭盡心力地繪製作品，常在地方的美術館內一待就是好幾個小時，努力地模仿那些畫作。某年，他們全家去佛羅倫斯度假，他站在大衛像前面八個小時，

用心地描繪那尊雕像。「我們都說：『我們想去看別的東西了。』」他的母親說：「但不管我們做什麼，他有自己的想法，他覺得有些事情非做不可。」

他在 RISD 開始展露出領導潛力，一開始他是在曲棍球隊裡和傑比亞一起發揮創意，推廣 RISD 的運動聯賽，後來在畢業典禮上代表畢業生做了令人難忘的畢業演講。可想而知，切斯基為了那場演講投入很多心力，他看遍各種畢業演講影片。畢業典禮前一天，為了讓自己平靜下來，他站在講台上好幾個小時，看著工作人員布置會場，逐一擺放數千張椅子。他的母親說：「誰會那樣做？」

升級、改變步驟、鎖定北極星

學習對切斯基來說很容易，但熟悉待人處事的基本原則花了他好一些時間。他吃足了苦頭才學到，當面對兩個人產生爭執時，不要自動先相信其中任一方的說法。辛苦累積的經驗讓他學到，他的言行可能對全公司產生重大的影響。他拿起桌上的綠色簽字筆說：「感覺很像這樣：如果我用這支綠筆，有人可能會說：『切斯基只喜歡綠筆，把公司裡不是綠色的筆全都撤掉！』」但

我可能只是隨便拿起綠筆罷了，沒有任何原因。」

切斯基在招募資深團隊成員及授權時也很緩慢。Airbnb 已經有數百位員工時，他依然親自處理無數的細節。一開始，他也不知道該如何面試經驗比他多數十年的人。「你坐在他們對面，他們可能面試過五十幾次了，而你可能是第一次面試比你資深很多的人，你心想：『這實在很奇怪。』」萬一找進來的高階管理者不適任，他也拖延很久才開除他們。他終於找好資深管理團隊時（Airbnb 稱該團隊為「e-staff」），必須想辦法讓他們把事情做得更好。「大家都很累，跟家人相處的時間很少，都需要休息時，你如何讓他們在工作上再往上一級，你會想：『我知道你們都累了，但**我需要你們再努力十倍**？』這種時候該怎麼辦？」他向 Salesforce.com 執行長貝尼奧夫請教後，得到了答案：你不能要求他們更努力，但可以要求他們「大幅度地升級思維」（massively up-level their thinking）。「升級」（up-level）是切斯基常用的語言，意思就是往上進步。切斯基愛用的其他詞彙還包括「越級」（skip-leveling，跟公司裡不同等級的人談話），還有「改變步驟」（step change），以新方式思考某件事，而不是重複步驟。此外，他也常把「鎖定北極星」（亦即要有目標）掛在嘴邊，你可以

在 Airbnb 的總部裡經常聽到這句話，連死忠的 Airbnb 房東和房客也會這麼說。

在 Airbnb 面臨一些重大危機時，切斯基請教的對象正好派上了用場。2011 年爆發 EJ 洗劫事件時（目前看來，那可能仍是 Airbnb 遇過最大、最攸關存亡的危機），安德森建議切斯基在保證金上「加個零」，把賠償金從五千美元改成五萬美元，那個建議幫切斯基拓展了思維。德國的桑莫兄弟咬住 Airbnb 不放時，葛蘭告訴切斯基，他們是傭兵，Airbnb 是傳教士，傳教士和傭兵對抗時，「通常是傳教士勝出」。那個建議幫切斯基決定，Airbnb 將自己打造歐洲業務，對抗桑莫兄弟。在最近期的種族歧視危機中（規模在某些方面比 EJ 危機還大），他找來一些外部專家，除了前司法部長霍德和美國公民自由聯盟（ACLU）的墨菲，他也請教安德森霍羅威茨公司的共同創辦人班‧霍羅威茨和他的妻子費麗西亞，還有 TaskRabbit 的執行長史黛西‧布朗－菲爾波特（Stacy Brown-Philpot）。

熟悉切斯基的人都稱讚他有遠見。Airbnb 創立初期就加入的麗莎‧杜博斯特（Lisa Dubost）說：「如果你可以看到切斯基腦袋裡的想法，他已經想到 2030 年或 2040 年了。」杜博斯特剛加入 Airbnb 時，負責培養企

業文化，後來轉至商務旅行團隊，2016 年離職，舉家遷居歐洲。

切斯基的副手強森說：「切斯基的遠見相當驚人，他不是只看未來一步、兩步或三步，而是看未來十步。」強森可能是比共同創辦人更常和切斯基相處的高階主管。「他這個人非常勵志，可能比我遇過的任何主管都還要勵志。雖然這是我個人的看法，但我覺得以後他會是我們這個世代最卓越的執行長之一。」

這類溢美之詞聽多了，可能會讓人覺得有點膩，但大家確實都這麼說。對無法「貫徹使命」的人來說（「貫徹使命」是 Airbnb 早年主張的核心價值觀之一），Airbnb 有很多的用語和訊息可能會讓人翻白眼，但切斯基覺得那些都是 Airbnb 的遠大目標。他對那些理念的狂熱與投入，似乎真的是驅動他不斷前進的動力。康利指出，切斯基是「徹頭徹尾」相信住家分享的理念，而且他隨時隨地都不忘宣揚 Airbnb 的使命「家在四方」。他把那些話掛在嘴邊，不是像一般的執行長那樣拿來宣傳公司的商品，而是因為他真切地認為那是他人生追尋的意義。

葛蘭說，驅動公司創辦人的動力，通常不外乎是財富、影響力和功名，但驅動切斯基的動力不是那些東

西。「他不是在為自己而努力，」葛蘭說：「我是說真的，我看過那麼多創辦人，實際數量有數千人之多，我可以分辨出投機者和信念堅定者。對切斯基來說，他追求的完全不是金錢或名聲。」所以葛蘭說，切斯基可能不適合去做其他公司的執行長。「他是那種真心相信自己的理念，並領導大家去做那些事情的領導者，所以你無法隨便挑一家公司，叫他去當執行長。」

巴菲特也感受到這點，他說：「他是真心相信自己做的一切，我覺得他即使不拿一毛錢，依然會繼續做下去。」

樂觀主義者，才能改變世界

矽谷的每個執行長都有一套理念，而且各個講得頭頭是道，但是對切斯基來說，Airbnb 似乎比較像是他的志業，而非工作。有一次他和我共進午餐，他說道：「我們的使命是打造一個讓你覺得家在四方的世界。」他覺得世界上只要有更多人願意當房東，「這個世界就會變得更適合人居、更多包容與諒解。」後來我問他，Airbnb 有什麼具體的業務目標，他回應：「以 2020 年的目標來說，我們確立的方向是，要讓多少人以更深入、

更有意義、更不一樣的方式來體驗歸屬感。」他指出，任何其他事情都不像「讓大家體驗家在四方的歸屬感」那麼重要。這個理念凌駕在股東、公司估值、獲利、產品、所有的一切之上。他希望 Airbnb 的價值在他過完這一生後達到顛峰。

不只切斯基認同這些理念，傑比亞和布雷察席克也深切認同，而且這種想法明顯充斥在 Airbnb 的總部中。Airbnb 喜歡說他們是「餐桌邊的聯合國」，讓不同世界的人聚在一起，把陌生人串連起來。傑比亞在 TED 演講中談及 Airbnb 如何打造信任的平台時，他說道：「或許小時候大家叫我別靠近的陌生人，其實是等著我發掘的朋友。」我的同事採訪康利時，問他為 Airbnb 設定了什麼目標。他回應，他希望看到 Airbnb 在十年內獲得諾貝爾和平獎 [110]。

雖然沒有人懷疑這些想法是真誠的，但這種「為世界喚回人性」的崇高理念確實引來不少嘲笑。例如，Airbnb 曾在牆上掛著一句標語：「Airbnb 是人類進化的下個階段。」《高速企業》的馬克斯・查夫金（Max Chafkin）寫道：「這話講得跟真的一樣，但就連可口可樂的知名廣告歌詞：我要請全世界喝瓶可樂，伴其左右，都沒有那麼誇張。[111]」

我訪問切斯基時曾問道，有沒有人告訴過他，他太理想主義了。「我記得湯姆・佛里曼（Tom Friedman）說過一句很棒的話，」他引用《紐約時報》名專欄作家的說法，「他說：『悲觀主義者通常是對的，但改變世界的，是樂觀主義者。』」

不過，即使是改變世界的人，也有缺點。切斯基的遠見和抱負可能促使他設下有時似乎不可能達到的目標。葛蘭說，切斯基需要學習別過度介意一些事情。「每次有人批評 Airbnb──公司成長得夠大時，一定會有人批評，那是長大後自然而然的結果──他就很難過，」葛蘭說：「他是真的很難過，彷彿有人揍了他一樣。他不要對很多事情那麼介意的話，可以省掉很多痛苦，但也許那是不可能的，也許那是以信念領導一家公司的必然結果。」

安德森看多了年輕創辦人想要擴張公司，他說切斯基「是祖克柏以來，最優秀的執行長之一」。他認為這是因為一個少為人知的事實：在切斯基轉學到尼斯卡永納高中以前，曾在一家私立學校就讀兩年，那家學校會教導學生軍事流程和領導力。安德森說，外人很容易誤以為切斯基只是一個設計師。「切斯基與眾不同的地方在於，他有設計師的靈魂，又具備軍校學生的精準和紀

律，」安德森說：「他的世界裡沒有抽象或模糊的東西，做設計他如魚得水，但基本上他受過帶領軍隊的訓練。」

在新創公司工作一年，猶如在其他地方工作七年。這幾年來，隨著切斯基的改變，他求教的對象也跟著不同。現在他求教的對象變成付費請來的顧問。他聘請退役美國陸軍上將史坦利·麥克里斯特爾（Stanley McChrystal）來幫他提升公司內高階與中階主管之間的透明和投入程度。Airbnb 也請來擅長幫助組織找出目的、說清楚目的（找出「為什麼」）的專家兼作家賽門·西奈克（Simon Sinek）。另外，還有一位不是付費顧問，而是和他在古巴同台的大人物：歐巴馬總統。他們兩人聚會的時間愈來愈多，第一次是在白宮，那時切斯基受邀參與「全球創業總統大使」（Presidential Ambassador for Global Entrepreneurship，簡稱 PAGE）計畫。計畫集合了一群創業菁英，包括時尚設計師托里·伯奇（Tory Burch）、AOL 創辦人史蒂夫·凱斯（Steve Case）、喬巴尼（Chobani）創辦人漢迪·烏魯卡亞（Hamdi Ulukaya）。除了古巴那場活動，總統也正式委派切斯基為代表，到舊金山和肯亞的奈洛比（Nairobi）參加全球創業高峰會。切斯基到肯亞總統甘耶達的官邸參加國宴，並會見了歐巴馬在肯亞的親戚。

相較於 Airbnb 剛創立時和歐巴馬之間的薄弱關係（2008
年歐巴馬在民主黨大會上發表提名演講時，Airbnb 趁當
地的旅館供不應求，再次上線；設計「歐巴馬圈圈」麥
片；利用 2009 年歐巴馬就職大典時，再次上線），這一
路走來，他們的關係已經不可同日而語。

切斯基的父母仍住在紐約州北部的老家，他們至今
仍無法完全理解兒子的創業歷程。母親黛波說：「我們
只能說這一切很超現實，我不知道還能怎麼形容。」

你需要聽的壞消息

身為 Airbnb 執行長，切斯基是鎂光燈的焦點，得
到媒體的多數關注，但傑比亞和布雷察席克在公司的日
常營運中也扮演很重要的角色。如果說切斯基的志業是
領導部隊，擔任整艘軍艦的艦長，他的共同創辦人也各
自找到了領導的旅程。他們三人的領導之路截然不同。
傑比亞像切斯基一樣，也是向專家請教。例如，他說康
利對他幫助很多，設計公司 IDEO 的創辦人大衛・凱利
（David Kelley）也建議他如何在公司大幅成長下維持創
意文化。傑比亞問：「你如何維持創意風氣，讓大家覺
得提出新點子，有時可能是很嚇人或有風險的點子，也

不會被批評？」

　　不過，如果擴大營運對切斯基來說還算是容易應付的挑戰，對傑比亞來說就沒那麼簡單了。他在小團隊裡構思大膽的點子時，比管理龐大的組織自在許多，但很快他就發現自己老是忙著處理後者。2013 年和 2014 年，隨著 Airbnb 開始擴張，成長步調開始快得令人難以招架。他說：「很多東西都在動，有時你可以同時關注一切，但是到了某個程度，你已經無法照顧一切。」他愈來愈焦慮，「團隊天天都在長大，人愈來愈多，」傑比亞回憶：「你周遭的一切似乎都在成長，你怎麼跟著一起成長？」他說他當時找不到方法，「我承認，我遇到瓶頸了。」

　　為了尋找答案，Airbnb 從外部請顧問做 360 度回饋評量。顧問訪問了十幾位和傑比亞最密切共事的同仁，整理出匿名的真實評論，傑比亞因此得知了一些痛苦的真相。大家覺得他是樂觀、積極向上的領導者，也是十足的完美主義者。專案行不通時，大家都不太敢坦白地告訴他。他說：「那次評量對我打擊滿大的。」同事們說，每次有人告訴傑比亞壞消息，他的肢體語言就會顯現出聽不進去、充滿防衛的樣子，所以過了一陣子之後，大家乾脆不告訴他壞消息了。他說：「於是問題開

始惡化，情況愈來愈糟，等我聽到問題時，情況已經變得更難收拾。」

　　凡事講求完美的心態，也意味著簡單的決策往往需要拖很久才能決定，也因此他有時會變成全公司的瓶頸。傑比亞以前也不明白，自己有非常積極的工作態度（這是他創立 Airbnb 以前就創立兩家公司的動力來源），並不表示其他人也有同樣的幹勁。360 度回饋評量的結果讓他知道，他的團隊成員平日都沒有時間和家人共進晚餐，下班也沒有時間上健身房，而且有些人正打算離職。「我追求完美的動力，導致大家精疲力竭。」

　　於是，傑比亞開始接受改造。在教練的協助下（他說教練對他直言不諱，誠實到近乎殘酷），他必須學習讓產品未臻完美就先推出，明快的決策有時比慎思熟慮的決策更好。團隊都很支持他，甚至還幫他想了一個新口號：「做滿八成，大功告成！」傑比亞說：「以前那對我來說是相當沒有安全感的事。」漸漸地，他開始在會議上或私下互動時主動詢問大家：「我需要聽到什麼壞消息嗎？」

　　傑比亞意識到，他的某些行為已經感染了公司的其他部分。他說：「大家看著領導人，會有樣學樣，」他說：「所以，如果我無法打造一個讓大家坦白說出真相

的空間，公司的其他地方也會出現同樣的狀況。」所以在 2014 年中，傑比亞在幾百位員工面前，開誠布公地分享他學到的東西，那場演講也同時傳送到 Airbnb 在世界各地的辦事處。他在提到團隊給他的意見反饋，以及他如何改變自己的做法之前，先說：「我們公司有意見不夠坦率的問題。」接著，他提出自己學到的一個理論，叫做「大象、死魚、嘔吐」，用來鼓勵大家進行棘手的交談。他解釋，「大象」就是眾所皆知卻絕口不提的真相；「死魚」是需要釐清的個人煩惱，通常需要道歉，否則會愈來愈糟。他告訴聽眾：「我自己就有好幾條死魚需要處理。」；「嘔吐」是騰出時間讓大家暢所欲言，一吐為快，中間不受干擾，也不必擔心被批評。他也透露他從意見反饋中得知，自己有哪些行為分別屬於上述的三種類型。

他講完最後一句後，深深嘆了一口氣。事後他說：「那是一場非常可怕的談話，現場靜到你連針掉落的聲音都聽得見。」但是那場談話對公司產生了很大的影響。各部門主管開始挪出時間，專門討論「大象」和「死魚」議題，那些名詞也變成跨部門的通用語言。現在，傑比亞收到 Airbnb 各部門的來信時，有些人會在標題裡以大寫字母標註：「傑比亞：你需要聽的壞消

息」。另外，他也在自己的電腦螢幕上方貼了一個標語：「做滿八成，大功告成！」

　　約莫同一時間，傑比亞開始為自己規劃一條不同的發展路徑，那條路比較貼近他的設計本行，以及他對構思及醞釀新點子的熱愛。他說：「我並未善用我的超能力，每天忙著管理一群經理人。」2013 年底終於出現一個機會，那時 Airbnb 在紐約舉行管理高層的外地會議。在那前一年，創辦人已經在公司一個名叫「白雪公主」的大型內部專案中，列出了公司的遠景。

　　在專業動畫師的協助下，他們把 Airbnb 的經歷畫成分鏡圖，以一個又一個的景框逐一描述出旅客和房東的情況。從顧客剛連上 Airbnb 的網站訂房，一直畫到他旅遊結束返家。這個專案帶給他們的最大啟示是，Airbnb 在整個過程中僅涉及幾個和住宿有關的景框，他們需要努力填補其餘的景框。也就是說，他們對公司未來的擴大願景是：不只住宿，也涵蓋整個旅程。但幾個月後，在外地會議中，創辦人意識到他們朝那個目標挺進的進度還不夠。

　　Airbnb 朝其他「景框」邁進的時候已經到來。所以不久之後，他們決定由傑比亞主導一次沉浸式的原型打造練習，開始探索該怎麼做。傑比亞從設計部、產品

部、工程部找來六個人，一起搬到紐約市住三個月。整個專案時間表和設計都是模仿 Y Combinator 模式（他們還擬了一套核心價值觀）。他們在布魯克林的一棟 Airbnb 公寓裡日以繼夜地研究，設計出幾種 app 內建工具，並讓一小群 Airbnb 的國際旅客配戴著內建這款 app 的手機，讓他們測試那些新概念。三個月結束時，他們在 Airbnb 的總部發表成果。那些概念五花八門，包括「抵達追蹤器」（類似 Uber 的衛星定位器，讓房東更容易知道房客何時入住）；「智慧屋手冊」（smart house manual）；虛擬助手地陪（Local Companion），讓旅客詢問需要的任何東西（例如在地的餐廳推薦、食品運送、或是有關城市的問題）。這個 app 裡還有一個「神奇按鈕」，用戶只要按下按鈕，就會得到為其興趣量身打造的未知體驗。

　　一位旅客是擁有飛行執照的飛行員，他按了按鈕後，獲得搭直升機遊曼哈頓的體驗。另一位旅客獲得專屬的美甲師親自登門服務的體驗。還有一位旅客提出的要求是，希望有人幫他規劃訂婚的相關事宜。Airbnb 的地陪團隊欣然接受這個挑戰，為他安排求婚後搭馬車穿過中央公園，還搭配豎琴伴奏；晚餐和夜遊；翌日的早午餐，而且用餐完後，服務生不是送上帳單，而是送上

一份記錄這次經歷的相本。

　　回到舊金山後，這個原型小組變成「Home to Home」團隊，由傑比亞領導，繼續探索及測試更多新點子。其中一個概念看起來特別有潛力：體驗市集（Experience Marketplace），讓具有某種技術或知識的房東，為房客提供特別的城市體驗，並酌收費用。其實有些房東已經在提供這類服務了，例如猶他州帕克城（Park City）有房東在房源裡宣傳他會帶房客去當地的山徑滑雪；波士頓有房東會帶房客去肯德爾廣場（Kendall Square）旅遊。「Home to Home」團隊在舊金山和巴黎試推了這個功能，汲取累積更多的經驗。巴黎的房東盧多維克（Ludovic）告訴 Airbnb 團隊，他出租住家空間的收入是三千美元，但是帶房客步行導覽瑪黑區（Le Marais）的收入則有一萬五千美元。

　　專案在2014年的多數時間執行，得到不錯的成果，但那段期間剛好也碰到傑比亞自己的瓶頸。他很快就發現，他很難「拓展規模」並把概念「營運化」。那次經驗讓傑比亞意識到，他比較喜歡開發新點子，而不是實施既有的點子。於是，他開始構思一個新的部門，只做進階研發和設計。2016 年，Airbnb 成立內部設計與創新工作室「薩馬拉」（Samara），由傑比亞領軍探索大規

模的新概念，包括住家共享的未來，以及有助於創造社會變革的建築和旅遊新模式。第　個專案是位於日本鄉間的吉野町雪松木屋（Yoshino Cedar House），那是一種「社區中心兼青年旅館」的新模式。Airbnb 的旅客可以入住，當地人也可以在裡面駐點做工藝，兩個族群可以互動，為沒落的鄉間帶來經濟效益。其他的探索包括持續改進「神奇按鈕」，讓它更精準地推測每個用戶最喜歡的活動。

除了薩馬拉，還有名叫「實驗室」（The Lab）的小團隊，在短期內反覆優化一些較具實驗性、但可以迅速測試的產品和想法。

兩個團隊都是在傑比亞的自己家中創立的，他住在跟 Airbnb 總部隔一條街的工業風公寓裡。2016 年 11 月中，這兩個團隊已經搬到 Airbnb 建築後方的新空間。這種獨立專案小組（Skunk Works）在其他的大公司裡很常見，對傑比亞來說也是最適合的工作模式，讓他彷彿回到了勞許街的創業時期。那時他和切斯基常在激烈的乒乓球廝殺中，想出一些新點子。傑比亞說：「我想為創新概念打造一個安全的空間。」

沉穩的督察

多年來切斯基和傑比亞獲得媒體比較多關注，而且這幾年來紛至沓來的媒體還挺多的。不過相較之下，就很多方面來說，布雷察席克的發展路徑反而是最有趣的。大家都說他是技術和程式天才，切斯基說早期有布雷察席克加入團隊，就好像同時擁有三位工程師一樣。他負責開發各種讓 Airbnb 成長的方法，例如 Airbnb 早期借用 Craigslist 刊登房源，鎖定特定城市的動態廣告活動，以及和 Google AdWords 對接的特殊技術。他打造的付款系統可說是工程界的傳奇。當初 AirBed & Breakfast 的首席工程師若是沒那麼出色的話，Airbnb 不太可能做得起來。

布雷察席克雖然是工程出身，但他的心態向來比一般的工程師更商業導向。大學畢業後他去考了 GMAT，認真考慮申請商學院。他在全心投入切斯基和傑比亞成立的 AirBed & Breakfast 以前，自己花了很多心力開發社群廣告網路。他是條理分明又有紀律的思考者，特別擅長深入思考複雜的難題，然後再將概念簡化。他說：「我很重視分析，真的要說我有什麼技巧，那就是我擅長把複雜的事情加以簡化。」某年在外地會議中，

Airbnb 的管理團隊做了邁爾斯－布里格斯性格類型指標（Myers-Briggs Type Indicator）測試，布雷察席克測出來是 ISTJ 型，在相關的柯賽性情量表（Keirsey Temperament Sorter）中屬於「督察」的角色。管理團隊看到他的性格分類時，都笑說結果很準。他自己說：「他們都知道我是負責探究細節的人。」

後來，布雷察席克逐漸對策略產生興趣，尤其擔任技術長以後，他開始看到直接由他管轄的資料科學部可以提供愈來愈多的洞見。2014 年夏季，管理團隊發現公司的許多計畫和目標不一致，所以布雷察席克啟用了「活動地圖」（activity map）來記錄公司內部進行的每個專案。他總共記錄了 110 個專案，但各專案非常分散，可以看到不同管理者監督著同一領域的多個專案。於是，他針對公司的成長進行深度分析，讓他更清楚看到 Airbnb 的有限供給（房東）和迅速成長的需求（房客）之間有明顯的失衡。他說：「短期內，那不是巨大的問題，但長遠來看就會是問題。」

他開始思考提高供給成長率的方法，那 110 個專案大多和房東有關，所以 2015 年起，布雷察席克開始承擔更廣泛的職責，負責住家和房東的策略與營運。「我運用的是我對技術系統的了解，過去八年的實務經驗，

以及身為共同創辦人的指導權威。」他把分散在公司四處的房東專案團隊整合起來，以更寬廣的眼界思考整體策略。撰寫本書之際，布雷察席克的技術長頭銜並未改變，但他說那個頭銜已經「有點過時，目前看來有誤導之嫌」。

邁爾斯－布里格斯性格測試也揭露了另一件事：布雷察席克跟團隊的其他成員及團隊的整體組成最不相同。他說：「團隊的整體能力正好和我的能力完全相反。」帶領研討會的教練說，這點很重要，也因此建議管理團隊：就因為布雷察席克的觀點如此不同，應該把他納入任何重要決策的討論中。身為創辦人，他本來就經常參與多數的重要決策，但如今更可以明顯看出他代表不同的重要觀點。他說：「那為我現在的策略角色奠定了重要的基礎。」

多年來，布雷察席克也從書中學習，例如吉姆・柯林斯（Jim Collins）的《從 A 到 A ＋》（*Good to Great*）、派屈克・蘭奇歐尼（Patrick Lencioni）的《克服團隊領導的 5 大障礙》（*The Five Dysfunctions of a Team*）、傑佛瑞・墨爾（Geoffrey Moore）的《跨越鴻溝》（*Crossing the Chasm*）等書。他也學會提升自己的能見度，他說：「我的性格比較內向。」但這些年來他收到的

一些意見反饋指出，員工喜歡從三個創辦人分別聽取意見，而不只是聽切斯基的意見。布雷察席克說：「我必須學習一個重要的領導課題，提升自己的能見度。」

　　周圍的人都說，布雷察席克是一股平靜、安定的力量。2013 年，布雷察席克把原本在 Facebook 擔任工程高階主管的麥克‧柯蒂斯（Mike Curtis）找來擔任 Airbnb 的工程副總，柯蒂斯說：「他給我們的踏實感，比領導團隊裡任何人還多。整個團隊有很多想法，他是條理分明又有紀律的思考者，他會收集各方的意見，加以整理，再跟整個團隊報告，讓我們去做決策。」

　　三個創辦人性格迥異，也是外界注意到的一大特色。傑比亞說：「你問公司裡的任何人，他們都會告訴你，我們三人的性格天差地別。」柯蒂斯也認同這個說法：「他們三人各自獨樹一幟，彷彿光譜上毫無重疊的三個點，而且彼此平衡得剛剛好。」（他們會爭吵嗎？柯蒂斯：「哦，當然會！」）幾年前，三個創辦人做了另一個性格測試，該測驗會把受試者歸入圓圈裡的分類區塊。研究人員畫出結果時，發現他們三人剛好歸在不同區內，而且與彼此等距。傑比亞說：「研究人員回來說：『我們從來沒看過這種結果，你們像是一個完美的正三角形。』」

295

他們說，三人的不同正是他們創業成功的原因。
「我們任何一人都無法單獨打造出 Airbnb，」傑比亞說：
「我們之中任兩人也無法辦到，但是把布雷察席克的優
點、切斯基的優點和我的優點加起來，我覺得那是讓我
們過去幾年來堅持撐過所有挑戰的原因。」Airbnb 的投
資人通常把創辦團隊列為吸引他們投資 Airbnb 的主因
之一，尤其是三人的組合。康利借用大眾文化打了一個
比方：「他們就像披頭四，披頭四的四個人可以各自出
唱片，但單飛的成績永遠比不上團隊成績。」

小心別搞砸文化

任何有關 Airbnb 的故事中，文化都是一大特色。
企業文化是矽谷新創企業普遍重視的焦點，三位創辦人
從 Y Combinator 受訓時期就很重視。但直到 2012 年
Airbnb 結束以彼得·提爾的創辦人創投基金為首、總額
兩億美元的 C 輪募資後，切斯基才真正明白文化的重
要。Airbnb 的創辦人邀請提爾到辦公室，切斯基當面向
他請益，提爾只說：「別搞砸文化。」提爾說，Airbnb
的文化是吸引他投資的一個原因，但他也說，公司成長
到一定的規模後，文化難免都會「崩壞」。切斯基因此

把這點視為挑戰，從此以後他對 Airbnb 文化的關注甚至變得有點狂熱。他在一篇談論文化的部落格文章中寫道：「一旦搞砸了文化，你也毀了製造產品的機器。」他認為，文化愈穩固，員工愈有可能做出正確的事情，比較不需要用正式的法規和流程來規範。流程愈少，監管愈少，整體環境愈適合創新。

切斯基認為，保護文化的方法是把它當成首要任務，當然也要從設計著手。這是 Airbnb 一向很關注的領域，所以 2015 年在全體員工大會上，切斯基告訴員工，扼殺公司的力量不是主管機關或競爭對手，而是失去「瘋狂」的能力。那也是切斯基每週日晚上堅持寫電子郵件給全體員工的原因，也是為什麼在員工數突破三百人以前，他都堅持親自面試每位應徵者。

工作空間是 Airbnb 文化的一大支柱。2013 年，Airbnb 搬遷到現在位於舊金山 SoMa 區的總部，那裡原是五層樓的電池工廠，占地二十五萬平方英呎。每個人對總部的看法不一，有人覺得它就像一件藝術品，也有熟悉 Airbnb 的人說總部就像聖殿一樣。總部裡有二十幾個會議室，大多是模仿 Airbnb 在世界各地的房源打造的，而且連牆上掛的東西和小飾品都一模一樣。例如，這裡有勞許街公寓的客廳，加州那個知名的蘑菇穹

頂，最近又增設一個維也納客廳，裡面擺了一架自動演奏鋼琴，只有在拿起書架上的某本「祕密書籍」時，鋼琴才會開始彈奏。我們在那個房間進行訪談，切斯基故意嚴肅地說：「我們只投資必需品。」他到那天才知道有「祕密書籍」這回事。

每個樓層都有迷你廚房和食物區，供應咖啡、飲料、無堅果海苔之類的零食。還有一個無廢料食堂，提供矽谷價值數十億美元以上的公司都會提供的各式餐點。此外，還有一些創新設計，例如四十八個銀色出水口排成一列，供應各種飲料，包括氣泡水、葡萄酒、啤酒、康普茶、以及公司以木槿、綠茶、馬黛茶自製的紅牛能量飲料（Red Bull），他們稱之為 Redbnb。

Airbnb 的全體員工合稱為 Airfamily，或簡稱 Airfam，員工享有許多特別的福利和活動，例如員工可以分享攝影或扎染技巧的 Air Shares、國際演講協會（Toastmasters）的活動、正念社團。Airbnb 還有很多特殊主題的裝扮日，例如廣告狂人日、萬聖節服裝比賽，或年度啤酒節派對（布雷察席克總是穿著德國啤酒節的傳統皮短褲出現）。Airbnb 世界各地的分公司也會複製這些活動。

有利也有弊的 Airbnb 性格

當然，還有那一股充滿理想主義的氣息。全公司的員工，不分部門，從財務規劃部到專案管理部，都會不時提到「歸屬感」這個使命。最近，社群長艾特金正打算把「家在四方的感動之旅」（Airbnb 希望房客得到的體驗）套用在公司的內部文化上，並把它稱為「家就在**這裡**的感動之旅」。兩者目標一樣：你來的時候是陌生人，接著你開始有了改變，你受到熱情的歡迎，覺得自己在一個安全的空間，可以盡情做自己。一位波特蘭的員工告訴艾特金：「我可以在這裡當全脂版的自己，而不是脫脂版的自己。」

這種說法聽起來似乎誇張，但多數的員工都深信不疑。產品副總澤德表示：「Airbnb 激勵我展現出最好的自己，以及原本我不知道自己擁有的某些特質。」工程部主管柯蒂斯說：「我以前的幾份工作，都是為了現在的工作預作準備。」強納森・高登（Jonathan Golden）是 Airbnb 的第一個產品經理，曾在 Dropbox 和 HubSpot 工作，以前是做財務方面的工作，他說 Airbnb 是「我待過文化最有號召力、也最反覆關注重點的文化，大家總是在問：『為什麼不行？』」他也說 Airbnb 是「我待

過最合作無間的文化」。高登說，這種文化的缺點是，它不是那麼有效率——有比較多的人花時間寫郵件和開會，因為他們習慣把很多人都拉進來討論，但他覺得這種開放的風氣會促使大家想要做更多。

「他們的空氣中有某種東西，」安德森霍羅威茨公司的喬登說：「你怎麼從上而下打造出一個人人都相信自己在改變世界的文化？」2016 年，人力資源網站 Glassdoor 把 Airbnb 列為「員工選擇獎」的最佳雇主冠軍，擊敗了 Google、Facebook、Twitter、Salesforce 等大公司。

當公司內部差點發生災難時，這種環境有助於平息危機。例如，2015 年初的某個下午，柯蒂斯就經歷了這種情況。Airbnb 的某位工程師意外把錯誤的指令輸入控制台，按下按鍵後，幾乎清除了 Airbnb 的整個資料庫。柯蒂斯說：「幾乎是一鍵全毀。」Airbnb 的一切能力和未來潛力，幾乎都有賴那個資料庫裡累積多年的龐大資料。但是那一瞬間，有關顧客如何在世界各地旅遊的資料全消失了。

柯蒂斯說：「那是非常大的資料遺失事件。」就好像 HBO 影集《矽谷群瞎傳》有一集描述有人把龍舌蘭的酒瓶放在刪除鍵上一樣。只不過發生在 Airbnb 的這起

意外更龐大、更真實、更慘烈，而且還是工程師實際輸入指令造成的（那個工程師還是部門裡的大紅人）。柯蒂斯回憶道：「我整個臉色鐵青。」後續幾天，他們日以繼夜地修復系統。一個小組找出了解方，最後終於復原了全部資料，整個流程足足花了兩週，但事情剛發生的那幾天，他們完全沒有把握可以解決。柯蒂斯說：「那一天實在太可怕了。」柯蒂斯說切斯基的反應是給他需要的空間去搞清楚問題怎麼解決，他說：「切斯基大可以發火，但他沒有。」整個工程團隊都來幫忙那個鑄下大錯的工程師（順道一提，他現在仍在 Airbnb），還送給他一件 T 恤，上面印著正確的輸入指令，那件 T 恤現在仍掛在部門裡。

當然，Airbnb 也有一些問題。那些讓 Airbnb 的文化如此感性的元素，也孕育出大家不敢公開講明問題的文化，所以才會出現傑比亞那場有關大象、死魚、嘔吐的演講。那是一個講究努力工作的環境，切斯基的要求也可能很嚴格，例如，負責古巴市場的團隊竭盡所能地招募房東，在幾週內累積了五百個房源，他們把努力的結果拿去給切斯基看時，切斯基說那很棒，但他希望在三週內可以把房源增加一倍，變成一千個。幾年前，公司成長得比預期還快時，澤德說他「把命都拚進去

了」，最後還得了肺炎。

隨著公司的規模愈來愈大，開始有新的員工和高階管理者加入，他們不見得和早期員工有同樣的價值觀，許多早期員工依然認同公司草創時期的特質。在那個年代，員工常需要跟朋友說明 Airbnb 究竟是什麼，很多人連聽都沒聽過。後來隨著公司日益擴大，開始吸引更多有 MBA 學位的人，或是因為 Airbnb 變大才加入的人，他們看到搭上火箭及開創個人職業生涯的大好機會。Glassdoor 的員工調查裡，分成「優點」和「缺點」兩區。在「缺點」那區，一個常見的抱怨是有些新來的 Airbnb 管理者缺乏經驗，公司的文化並未擴及每個團隊。一位員工寫道：「這裡確實有一些負能量超強的傢伙。」（其他的缺點還包括沒提供員工 401k 退休金提撥，晚餐不能外帶。）

切斯基認為，要能讓文化成長，就要確保公司在擴張規模時，依然維持透明度。這個概念是退役陸軍上將麥克里斯特爾提議的：為了促進組織由上而下的溝通，公司訂下新的規定，希望所有高階管理者和他們的直屬部下（總共約一百人）都週定期一起開電話會議。

本書撰寫之際，創辦人正在密切合作一項大計畫，由艾特金主導，要更新 2013 年制定的六大核心價值觀，

包括「殷情待客」、「宣傳使命」、「樂於冒險」、「成為麥片創業者」（cereal entrepreneur 與「連續創業者」serial entrepreneur 諧音）等等。上述的原則在公司還小時都運作良好。但時間一久，可以明顯看出核心價值觀太多項，而且有些還相互矛盾。艾特金說，那些價值觀太「俏皮，而且不容易懂」。更糟的是，有些員工還會刻意挑那些對自己有利的價值觀來當擋箭牌。例如，有人不認同某員工的建議時，那個員工可能會指控對方不「樂於冒險」。

艾特金和創辦人（他稱他們是「小夥子」）努力了幾個月後，把價值觀縮減成三項，在本書撰寫之際尚未定案，但基本上跟以下的概念有關：殷情款待或具有同理心；自己找方法開創以及跳脫框架思考；以及公司使命優先一切。艾特金正在策劃發表日期，從那天開始，員工「會像茶包一樣浸泡在核心價值中」，反覆接收那些訊息。他告訴我，下次舉行全體員工會議 One Airbnb 大會時，就是「導入這些流程最精采的部分」。

另一個 Airbnb 想要處理的文化議題，也是很多矽谷企業面臨的議題，那就是 Airbnb 的組成「太白了」。這是科技公司普遍存在的問題，但 Airbnb 還多了房東可能在平台上歧視房客的問題。包括創辦人在內的很多

人都說，公司缺乏多元性（尤其創辦人就是三個白人男性）是他們未能預料 Airbnb 可能促成歧視行為的原因。

2016 年夏季，切斯基和強森一起參與《財星》的腦力激盪科技大會時，在台上接受觀眾的提問，最後一個問題是來自非營利組織「黑女孩編程」（Black Girls Code）的創辦人金柏莉·布萊恩（Kimberly Bryant）：「你們有沒有發現，一些產品設計的議題其實是設計時沒廣納多元意見所造成的 [112]？或許是因為貴公司只有 2% 的黑人員工，Aribnb 社群裡只有 3% 是拉美裔。如果只看科技部門的話，比例就只剩下 1%。」全場鴉雀無聲，「所以我雖然理解重新設計費了很多心思，我真的想請您注意一下貴公司的員工組成。」Airbnb 最近的多元文化報告顯示，黑人員工的比例是 2.9%，拉美裔是 6.5%，男性是 57%。那些數字比 Facebook 和 Google 的數字好（Facebook 的黑人員工占 2%、拉美裔占 4%、男性占 67%；Google 的黑人員工占 2%、拉美裔占 3%、男性占 69%）。但 Airbnb 的黑人和拉美裔員工的比例比上一年略低，女性的比例也下降了（不過擔任管理職的女性比率增加）。Airbnb 承認這是問題，也正在努力解決，現在公司裡有一個新來的多元文化長，公司的目標是讓少數族裔占美國員工的比例從 10% 增至

11％，並落實一套新的招募夥伴關係和政策。例如，高階職位的候選人中，一定要包括婦女和少數族裔。切斯基說：「我們必須做得更好。」

撰寫本書之際，切斯基、傑比亞和布雷察席克還面臨一個新的管理挑戰：把 Airbnb 從單一產品公司變成多重產品公司。他們已經準備好為公司的歷史翻開新的篇章──跨入住宿以外的旅遊其他部分。這個計畫已籌劃了兩年，我們即將看到他們盛大展開。切斯基在霍夫曼開的史丹佛課程〈科技促成的閃電擴張〉中表示：「我知道怎麼推出產品，我們已經推出一個了，但如何在已經成功的既有事業裡推出新產品呢？[113]」

切斯基原本以為，那就像第一次推出原創產品那樣，但後來發現情況複雜多了：你可能有更多的資金和更多資源，但大家不懂為什麼你要叫他們去做別的事情，他們想專注在原本的使命上。切斯基：「光是從單一產品公司轉變成雙重產品公司，就是很大的轉變。」為此，他去請教新的專家：管理顧問傑佛瑞・墨爾（Geoffrey Moore），專長就是幫管理高層把單一產品公司擴展成多重產品公司。

但切斯基也覺得，擴張對 Airbnb 的未來非常重要。他指出，大型科技公司的產品通常不只一項。Apple 先

有電腦，接著推出手機和手錶。Amazon 先賣書，接著什麼都賣。他說：「我覺得基業長青的公司都必須那樣做，因為你是一家科技公司的話，不能假設多年後你仍在銷售最初的發明。」

對 Airbnb 來說，那表示它即將開始銷售的新東西就是「接下來的旅程」。

第 8 章

消費者愛上 Airbnb 之後
共享的新未來

是住宿、導覽、體驗，旅遊公司，更是一流科技公司

　　我在撰寫本文的同時，Airbnb 正在為年度房東大會做最後的準備。每年 Airbnb 都會為房東舉行為期三天的大會，與他們交流同樂，傳遞公司的使命，對這群死忠信徒散播「歸屬感」的福音。彷彿是結合胡士托音樂節、TED 大會、波克夏海瑟威年度股東會的較小版本，這場為共享經濟族群舉辦的大會，全場洋溢著「股情款待」的氛圍，是 Airbnb 宣傳、教育、並向忠實用戶致敬的機會。

　　2016 年的房東大會預計 11 月中旬在洛杉磯舉行，

Airbnb 的所有房東都會收到邀請函，通常會有約五千名最投入 Airbnb 社群的房東到場。這些人自掏腰包從世界各地飛來參加大會，也就是說，機票、住宿、門票都是自費，住宿當然是住 Airbnb 的民宿，門票費用從一場活動 25 美元到全程參與 300 美元不等。2016 年，Airbnb 除了邀請房客參加，還會邀請一些投資人、董事、創辦人的親友來共襄盛舉，但房東大會其實是為房東舉辦的。評論者可以說，這真是絕妙運用殷情款待的溫馨感，招待這批最重要的利害關係人，藉此收買人心。其實這樣說一點也沒錯，Airbnb 在房東大會上用擴音器來號召與會者支持全美各地的法規改革，並向那些負責款待房客的人傳達殷情待客的原則。

不過，今年的房東大會比以前更加盛大，他們打算趁這個機會推出籌劃已久的 Airbnb 2.0 版，亦即 Airbnb 的新方向，為 Airbnb 這家充滿顛覆性和爭議性的年輕公司揭開創業史的第二幕。這也是 2015 年巴黎大會以來，首度舉辦的房東大會。因為巴黎的活動因恐怖攻擊事件而提前結束。這次的講者預計包括葛妮絲・派特洛、艾希頓・庫奇、《享受吧！一個人的旅行》的作者伊莉莎白・吉兒伯特（Elizabeth Gilbert）、《美麗境界》（*A Beautiful Mind*）製片人布萊恩・葛瑟（Brian

Grazer）、餐飲大亨丹尼・邁耶爾（Danny Meyer），以及許多名人。演講與會議將在洛杉磯市中心的各地舉行，活動的一大亮點是頒發 Airbnb 房東界的奧斯卡獎：以公司商標命名的貝羅獎（BÉLO Award），頒獎典禮由知名喜劇演員詹姆斯・柯登（James Corden）主持。

　　這幾個月來，密切關注 Airbnb 的觀察家都可以注意到 Airbnb 正緊鑼密鼓地投入新專案。幾個月前，在 Airbnb 推出「像在地人一樣生活」的活動上，切斯基表示 Airbnb 新推出的 app 可以幫用戶擺脫現代大眾旅遊的無趣空虛感，他在演講的最後賣了一個關子：「問題來了，Airbnb 如果**真的**跨越到住家之外，會是什麼樣子呢？」接著他說：「我們 11 月見！」並丟下麥克風，吊足了大家的胃口。不久之後，Airbnb 邀請幾個重要城市的旅客來測試這個暫名為「城市導遊」（City Hosts）的新專案。「城市導遊」是由在地人帶著 Airbnb 房客遊覽城市的多日行程。

　　Airbnb 將在洛杉磯的房東大會上宣布這項專案代碼是「神奇之旅」的專案，並以「Trips」這個名稱推出。Airbnb 從 2014 年底就開始開發這個新產品，到目前為止，如果 Airbnb 真要宣傳的話，媒體早已大肆報導，但他們對這件事保密到家。在 11 月的大會以前，切斯

基在一次預覽活動中，為我解說了整個預演流程。目前整個流程尚未定案，我們聊完後，Airbnb 可能又會做很多改變。不過，那代表 Airbnb 正式跨足一種全新類別的旅遊產品、服務和體驗，並把一切都放入新的 app 中，融合了舊的和新的 Airbnb。

撰寫本文之際，這次擴展業務中最重要的元素「城市導遊」，後來更名為「體驗」（Experiences）。為了讓旅客體驗到一般觀光不會從事的活動，由當地人提供服務及策劃，並經過 Airbnb 的審核，目的是彰顯在地人的獨特專長和特色。測試版中的一個選項包括「調香師，維多莉亞」，她可以帶旅客參觀那些隱匿在巴黎街頭的香水調製所；「跑步專家，威利」提供住在肯亞高地訓練中心的四天行程，肯亞的頂尖跑者都是住在那裡受訓；在邁阿密，甩火表演者可以帶你進入「馭火術」的世界；在義大利，你可以跟著第三代松露達人一起去挖松露。

根據當時的設計構想，這些體驗的價格訂在 200 美元上下，包含三到四個活動，分散在幾天內體驗。這些活動也可以同時提供給多位旅客，你去體驗挖松露時，可能會遇到一群志同道合的 Airbnb 房客。提供體驗服務的導遊可以獲得收費的 80%，所以導遊可以賺錢，旅

客則可以獲得獨特的體驗，回家後和親友分享。如果一切如切斯基期待的順利運作，就會再度啟動類似 Airbnb 的流行熱潮。Airbnb 也在規劃另一個類似的市場，提供只買體驗（例如泛舟或攀岩）、不含住宿的選項。用戶可以在旅行時，或是在目前居住的城市參與這類活動。

　　這其實不是什麼新概念，過去幾年，已有不少新創企業提供素人導遊的服務，但沒有一家公司做得夠好。切斯基指出，那是因為他們的服務品質不佳，那些體驗的觀光性質太濃厚，不夠獨特，而且也沒有現成的百萬用戶平台可以拿來行銷那些產品。相對的，Airbnb 的產品則是標榜獨特的在地體驗，讓旅客有機會認識某個小眾市場、專業或社區。「這些體驗都是深度進入別人的世界，」切斯基說：「我們覺得這是目前還不存在的產品線。」

　　這些項目只是新產品的一部分，其他的重點還包括：跨足「活動」（events）領域，讓旅客可以訂票參加當地活動以及多種 Airbnb 獨家提供的音樂會、沙龍，以及在房東的客廳或街角酒吧舉行的其他活動；更新 Airbnb 的旅遊指南，包括名人推薦及 Airbnb 房東的在地建議；數位行事曆「智慧行程」可以把旅客預訂的所有活動整合在一起。那個 App 裡還有一個提供日常服務

的專區，例如租賃設備、買 SIM 卡、上網連線等等。此外，Airbnb 也打算跨入旅遊內容領域，因為切斯基說：「那就是漏斗的最頂部。」這些新推出的產品都可以在網路上瀏覽，但只能透過行動裝置預訂行程，而且大部分的元素都是以影片呈現，而不是照片。切斯基說：「我們覺得未來的旅遊，會是透過影片以及有如身歷其境的體驗來銷售。」

重新定義我們對旅遊的想像

切斯基希望這些新體驗可以顛覆傳統的旅遊模式，就像民宿顛覆旅館業那樣。每次切斯基想描述他覺得很有創意的升級時，他會使用「未來的」（the thing after）這個詞。例如，他說新的旅遊指南是「未來的旅遊指南」，Airbnb 正在開發的新驗證 ID 是「未來的驗證 ID」；分享經濟是「未來的量產」。現在他認為 Airbnb 推出的東西是「未來的旅遊」。「我希望這個東西推出後，可以讓大家對旅遊的認知完全改觀，」他說：「你也許依然稱之為旅行或旅遊，但你對旅遊的認知已經變得很不一樣。」

　就很多方面來說，這個計畫是 Airbnb 核心事業的

合理延伸，等於是加倍投入過去幾年來持續鎖定的重點：「像在地人一樣生活」、「非觀光」的旅遊模式等等。在反覆優化產品的過程中，Airbnb 從舊金山漁人碼頭找來一位名叫里卡多的遊客，請攝影師隨行跟拍幾天，紀錄他從惡魔島（Alcatraz Island）眺望霧中的金門大橋、在布巴甘蝦業公司（Bubba Gump Shrimp Company）享用美食等活動。最後，Airbnb 分析里卡多那幾天拿到的收據，發現他的開銷大多是花在總部設在其他城市的連鎖專賣店。於是，「神奇之旅」團隊重新幫他規劃了一套完美行程，帶他去參加一場 1920 年代的主題派對，請在地人帶他徒步參觀舊金山貝納爾高地（Bernal Heights），並引導他參加午夜的「神秘」單車之旅（六十位車手為單車裝上霓虹燈，在市區裡繞行直到凌晨兩三點。）切斯基說：「目前的旅行是把旅客當成外人，旅客接觸公共場所的機會很有限。我們的服務是把旅客當成自己人，讓他親身融入在社群中，這是很大的轉變。」

除了旅遊體驗以外，「活動」和「旅遊指南」這兩項新產品也顯示 Airbnb 想讓用戶在自己居住的城市裡也用 Airbnb。「這是 Airbnb 融入你日常生活的開始，」切斯基告訴我：「這不只是新的旅遊方式，就某些方面

來說，也是新的生活方式。」新產品名稱將為
「Trips」，但切斯基希望有一天 Airbnb 不用再做區分，
平台上提供的所有產品和服務都叫做 Airbnb。他說，出
租住家空間可能最後只占公司營收不到一半。

Airbnb 跨足這些新領域背後的商業主張是：如果
Airbnb 可以為一趟旅程提供各式各樣的體驗，就可以一
舉涵蓋旅程中的各種活動收入，甚至在用戶居住的城市
裡，Airbnb 也可以賺取用戶的活動費用。最重要的是，
可以大幅加深 Airbnb 和用戶的關係。新的產品也可能
讓 Airbnb 的平台大幅擴張，同時更有效地達成提供獨
特體驗及串連一般大眾的品牌使命。「我們做這個，是
因為我們認為 Trips 是終極計畫，」切斯基說：「那是我
們心中的終極目標。」

當然，那是假設新事業推出後大受歡迎。那些概念
聽起來很神奇，也很有創意，但是要某些人把大部分的
週末時間都花在別人主導的活動上，還有其他的陌生人
隨行，而且收費幾百美元，可能不是那麼容易。Airbnb
正在對旅行做獨特的詮釋，但是那畢竟是一個擁擠的市
場，需要和各種市場早就存在的業者競爭，例如傳統旅
行社、Yelp、Foursquare、TripAdvisor，甚至《孤獨星
球》（*Lonely Planet*）和《悅游》（*Condé Nast Traveler*）

都成了競爭對手。Airbnb 靠著住屋共享在住宿市場中開闢出一條顛覆大道時，完全是無心的意外，他們正好觸及了一個預料之外又龐大的隱藏需求，因而一炮而紅。但這次推出的新產品正好相反：那是 Airbnb 的專家團隊精心構思、設計、測試、調整出來的概念，而且經過好一番設計後，才正式推出上市。這次的成功可能不像第一次那麼容易，也衍生出一個有趣的問題：真正的顛覆可以靠事先規劃，靠著施展策略達成嗎？還是意外出現的顛覆效應比較強大？

對一家核心事業依然迅速成長的公司來說，這也是很大的冒險嘗試，但切斯基想積極推動公司轉型已經一段時間。他和共同創辦人都很清楚，一度強大的科技巨擘很可能因為太專注於核心產品而逐漸沒落，例如 BlackBerry、百視達、TiVo 等等，技術史上這種例子不勝枚舉。切斯基研究了 Google、Apple、Amazon 等成功大型科技公司，得出兩個結論：科技公司的生存，取決於跨入新領域的意願；執行長必須要有紀律，把新事業看得比既有的事業還重要，也把新事業的成敗視為個人的成敗。近兩年來，「神奇之旅」一直是切斯基關注的主要焦點，占用他三分之一到一半的時間。

為了搞清楚 Airbnb 如何大幅跨出這一步，切斯基

從做過類似轉型並成功擴張的公司擷取靈感，尤其是迪士尼。他是以華德‧迪士尼建立華德艾利斯迪士尼企業（Walt Elias Disney Enterprises，簡稱 WED 企業）的模式為藍本，打造「神奇之旅」的營運流程。WED 是 1950 年代為了建立迪士尼樂園而另外成立的公司，最終被母公司收購，並更名為華德迪士尼幻想工程（Walt Disney Imagineering）。「當初沒有人料到會有迪士尼樂園，」切斯基說：「1980 年代迪士尼樂園拯救了公司。沒有迪士尼樂園，就不會有現在的迪士尼。」切斯基拜訪了迪士尼執行長鮑勃‧艾格，後來也見了迪士尼的前財務長、後來接手經營迪士尼所有主題樂園的傑伊‧拉蘇洛（Jay Rasulo），以及迪士尼樂園與度假村的前董事長保羅‧普萊斯勒（Paul Pressler，後來轉任 Gap 的執行長）。切斯基說：「這個產品是根據迪士尼樂園的原則設計出來的。」他也去成功跨足其他領域的公司，請教裡面的專家，例如 Apple 的強尼‧艾夫，以及對切斯基來說可能是最勵志的典範：貝佐斯。貝佐斯把 Amazon 從一家網路書店經營成超級零售商。

切斯基也說，他從特斯拉（Tesla）的伊隆‧馬斯克（Elon Musk）那裡得到一些建議。馬斯克提醒他，不要讓公司規模大到進入所謂的「經營期」（administration era）：也就是公司在經歷「創始期」（creation era）和「成長期」（building era）之後，逐漸停留在成長率 10%或 20% 的階段，顯示事業已經成熟。切斯基誓言：「Airbnb 絕對不會進入經營期，它會永遠停留在成長期，永遠在第一階段和第二階段之間切換。這也是我們決定在 11 月推出很多東西的原因，而且以後還會推出更多。」切斯基表示：「對 Airbnb 來說，這次的推出意義非凡。」

Airbnb 的未來

還有一件對 Airbnb 來說很不一樣的事：公開上市（IPO）。我在寫這本書時，切斯基和 Airbnb 依然否認他們很快就會開始準備 IPO。2016 年春季，切斯基告訴彭博新聞，未來兩年沒有上市的打算，公司也不需要募資。同年秋季，我又問了他一次，他依然告訴我近期內沒有上市的打算。他說公司目前資金很充裕，撰寫本書時，Airbnb 募集了 40 億美元，包括 2016 年 9 月的 5.55 億美元，而且他們也刻意採取一些行動來抒解上市的壓力，例如舉債 10 億美元，並於最近的籌資中包含 2 億美元的二次發行（secondary offering），提供早期員工一

些流動資金。切斯基一再重申，Airbnb 的投資人都很有耐心，很多投資人很早就投資了，現在已經看到持股大幅成長。紅衫從 2009 年第一次投資 Airbnb 後，每一輪募資都有參與，只有最近這次沒參與，因為這次 Airbnb 想鎖定策略型投資人。紅衫持有 15％的 Airbnb 股份，價值約 45 億美元。即使 Airbnb 想公開上市，可能也需要等到紐約和舊金山的立法和法規議題都解決才行。無論 Airbnb 選擇何時公開上市，那都是 Airbnb 最終會邁向的目標。2015 年，Airbnb 聘請黑石集團前財務長勞倫斯・陶希（Laurence Tosi）擔任財務長。

切斯基說，投資人希望 Airbnb 公開上市的壓力，其實不像大家所想的大，因為公司是由創辦人掌控，而且他們也精挑細選理念相同的投資人。「挑選投資人時，其實是在選你想聽誰的話，以及你需要什麼樣的勇氣。」切斯基說：「要打造什麼樣的公司，取決於我們，我們的運作非常透明。我們說要打造一家長久的公司，這其中一定帶有風險。」他說，2015 年為了那次規模最大的募資，他和投資人見面時，花了九十分鐘說明公司的願景和文化，以及對長遠前景的堅持。「有一群人因此決定不投資了，」他說：「這不是他們想要的公司，他們想知道我們在兩三年內就會上市，我無法提供那樣

的觀點。」他說，目前他投入的許多事情都會讓公司的成長緩和下來，例如 2016 年的多數時間，他把心力放在重新打造行動應用程式，而不是改善網站。此外，他們也花了兩年，投入大量的資金醞釀「神奇之旅」專案。

切斯基引用他從霍夫曼那裡學到的理論，希望 Airbnb 變成「一等」（Tier 1）的科技公司，也就是像 Apple、Google、Facebook、Amazon 那樣市值數千億美元的公司，而不是市值一百億到八百億美元的「二等」公司（Airbnb 目前的等級）。切斯基認為，在公開市場，「很難當二等的公司，你會想要成長為一等的公司。」所以他希望讓 Airbnb 成長到足以晉升為一等公司。「而且幾乎所有投資人都會說，我對公司的抱負遠比他們還大。」熟悉 Airbnb 的投資人說，Airbnb 的十年目標是變成第一家市值上千億美元的線上旅遊公司。

但創投業者和股市是截然不同的物種。股市更在乎 Airbnb 能否維持高成長，可能不想以十年為週期來思考，而且股市可能也比較在乎法規風險，創投業者似乎不是那麼擔心。其他的風險也包括競爭：雖然 Airbnb 目前稱霸市場，但 HomeAway 有超過一百二十萬個房源，而且 HomeAway 的新老闆 Expedia 更是財力雄厚。

2015 年，HomeAway 宣布推出城市計畫（Cities Initiative），進軍 Airbnb 的核心事業——城市市場，並推出一系列的城市旅遊指南，內附在地人的推薦。「Airbnb 催生了另類住宿市場，但那不表示他們在那個市場中吃下了多數的經濟。」加皇資本市場公司（RBC Capital Markets）的分析師馬克·馬哈尼（Mark Mahaney）指出：「市場上還有 Priceline 和 Expedia 這兩個出色的業者，他們已經掌握了很大的流量。」

但目前的普遍共識是，Airbnb 還有很多的可能性，即使成長如此驚人，目前 Airbnb 在一般大眾之間的知名度還不太高。科文集團（Cowen Group）、高盛等公司的調查顯示，受訪者聽過 Airbnb 的比例不到一半 [114]。科文集團發現，受訪者用過 Airbnb 的比例不到 10％，所以光靠品牌知名度的提升，Airbnb 就可以再成長兩三倍。該公司也發現，知道但沒用過 Airbnb 的受訪者中，有 80％以上表示他們願意嘗試，66％表示他們打算在未來一年內嘗試。科文集團的研究人員指出：「我們預期 Airbnb 未來會比今天大好幾倍，變成全球住宿市場中的前兩大或前三大業者。」此外，中國的國內及出國旅客也是很大的商機，2015 年這個族群在 Airbnb 上成長了七倍。美國較小城市和度假市場也是重要的成長領域。

霍夫曼表示：「顯然每家公司都會遇到某種飽和點，而且不是每個人都想跟陌生人租公寓來住，但理論上 Airbnb 的規模可以比現在大好幾倍。」

飽和點看起來仍很遙遠：撰寫本文時，Airbnb 據說每週增加 140 萬個房客及 4 萬 5 千個房源。2016 年底的總入住人數是 1.4 億人次，並預計於 2017 年 2 月達到 1.6 億人次，而且之後很快又會突破那個數字。Airbnb 並未公布財務數字，但投資人估計 2016 年的營收約 16 億美元，稅息前折舊攤銷前的利潤（EBITA）是 1.56 億美元；2017 年營收預估是 28 億美元，EBITA 是 4.5 億美元；2020 年營收預估是 85 億美元，EBITA 是 35 億美元。

這些數字，再加上 Airbnb 的高效率商業模式、業界領先地位、強大的市場進入障礙、充沛的資金及卓越的管理團隊，以及 7.2 兆美元的旅遊業規模等等，都是吸引投資人一再上門的因素。五五資本夥伴公司（55 Capital Partners）的市場策略家馬克斯‧沃爾夫（Max Wolff）表示：「Airbnb 可能是所有的投資標的中最成功的一家，所以目前看來特別有趣。」他指出，Airbnb「比一些科技公司更精明、更成熟，有潛力徹底顛覆旅遊業。」

「股票共享」經濟？

　　除了華爾街，還有一群人也正密切關注 Airbnb 選擇何時公開上市：Airbnb 的部分房東。數百萬名房東之中，很多人無疑會將 Airbnb 上市視為一種勝利，也是這家讓他們獲得收入的公司的重要里程碑。但也有些房東開始覺得，他們也應該分一些股份。畢竟，這個事業是他們幫忙建立的，撐起平台的產品和體驗都由他們一手打造。

　　漢斯・龐茲（Hans Penz）和妻子住在紐約的史泰登島（Staten Island），他們在 Airbnb 上出租家裡的兩個房間。三十八歲的龐茲是烘焙師傅，一開始當房東是為了存錢擴大自己的事業，現在夫妻兩人當房東則是因為想賺額外的收入，也喜歡接觸來自世界各地的人。龐茲喜愛當房東，也真心相信 Airbnb 可以「讓世界變得更好」。他也認為房東應該獲得上市前股權（pre-IPO shares），至少最投入的房東應該得到一些，他說：「房東是這家公司的一切。」龐茲也跟其他房東及 Airbnb 談過這一點。他說，如果他是公司目前的投資人，「我一定會問公司，他們如何確保房東一直留在 Airbnb，不會決定自己創業。」

　　我向切斯基提起這個議題時，他回應 Airbnb 已經研究過這件事，內部也經過討論。他說，在私募市場中要給一百萬人股權太難了，那也表示每位投資人都能看到公司的財務狀況。「那樣做可能會衍生出麻煩。」其實當初 eBay 上市時，也遇過同樣的議題，eBay 後來並未提供股份給拍賣平台上的賣家。與房東分享股權可能會出現許多問題，例如股價不好時，房東可能不高興。但是話又說回來，如果 Airbnb 不想一些辦法來獎勵房東，他們可能把公開上市這件值得慶賀的大事，變成令利害關係人憤恨不平的事。

　　更大的問題是：Airbnb 公開上市後，會對公司的靈魂造成什麼影響？「歸屬感」這個使命會有什麼變化？改變世界的初衷會變嗎？「餐桌邊的聯合國」會有什麼不同？你可以一邊肩負社會使命，同時在股市占下一席之地嗎？當然，許多科技巨擘都宣稱他們肩負著某種使命。例如，Facebook 的使命是「讓世界更開放相連」；Google 的使命是「不為惡事」，後來新的母公司 Alphabet 成立後，又改成「做正確的事」。然而，在使命與股市預期之間，拿捏平衡是很棘手的事。

　　線上科技媒體《秘密管道》（*Backchannel*）主編潔希・漢普（Jessi Hempel）談到 Airbnb 的創辦人時表示：

「我真的很喜歡那幾個傢伙,他們很真誠,但更大的問題是,『網路公司一定要擴張』這件事,難道本身沒有問題嗎?你若是對使命深信不疑,你可以去創立非營利事業,像維基百科或 Craigslist。」她指的是維基百科的非營利模式,以及 Craiglist 的非商業、公共服務性質。(Craiglist 是營利公司,但不接受創投資金)。漢普的意思是,科技公司一旦拿了創投資金,就成了投資者想要盡量提高報酬的俘虜。漢普表示:「接受創投資金的新創公司,往往會把成長看得比其他的一切還要重要。」

切斯基知道有這種衝突存在(2008 年他對商業還一無所知時,曾短暫地認為走非營利路線是正確的方向)。但他說,Airbnb 現在是由創辦人掌控及經營的私營公司,「掌控了董事會,你就有決定權」,但公開上市就全然不同了。「關於上市,有一點我確實還沒有理出頭緒,」他說:「上市公司的任務,是追求股東的最佳利益。但問題是,你又不能自己挑選股東。」股東在乎的可能是短期報酬,他說:「那和公司的利益很難調和。」他提到像賈伯斯和貝佐斯那樣的強勢執行長:「我覺得賈伯斯應該沒聽過投資人的意見,貝佐斯也許可以不理會他們,但很多執行長無法做到那樣。」

Airbnb 的投資者兼董事喬登提出更強烈的看法:「大

家覺得公開上市或拿創投公司的資金是邪惡的，但是想要打造一家永續的公司，讓你的發明長久留存，那些幾乎都是上市公司。」他說：「Google、Facebook、阿里巴巴等公司都在改變世界。如果你想要打造長久的東西並掌控自己的命運，上市就是該走的途徑。」

先假設一定會遇到敵人

很明顯地，Airbnb 成長飛速，如今不會有人把它和非營利組織混為一談，但是任何公司發展到 Airbnb 這個規模時，難免會遇到反彈，早期用戶開始抱怨它成長得太大，失去了以往讓它如此特別的本質。Airbnb 一些最早期的用戶以身為引領風潮及這種非主流運動的一份子而自豪，現在他們抱怨 Airbnb 的平台變得如此龐大，太過主流了。

西雅圖的房東洛雪兒・修特（Rochelle Short）從 2013 年開始使用 Airbnb，後來成為「超讚房東」，並開設了熱門部落格《請君入舍》（*Letting People In*）。但修特在新聞網站 The Verge 上發文表示，2015 年起她不再當房東了，因為她覺得使用服務的客人變得太普通。「我覺得顧客的特質變了，」她說，2013 年時，感覺像

真正的社會實驗，「我們在開創新領域，吸引到開放、隨和的人，不會在乎浴室的鏡子上有沒有斑點。」但是到了 2016 年，「變成一般的旅客，他們想要速 8 汽車旅館（Super 8 motel）的體驗，我不太喜歡那種類型的客人，我比較喜歡早期的旅客。」巴塞隆納的房東菲爾·莫里斯（Phil Morris）打造了房東網站 Ourbnb，他在播客《靠民宿獲利》（*Get Paid for Your Pad*）中講述 Airbnb 的歷史時，也提出類似感想：「我們確實偶爾會覺得以前的 Airbnb 比現在有趣及討喜多了。」

切斯基希望 Airbnb 跨入旅行的其他部分後，可以找回一些早期用戶想要的社會實驗感。他說，Airbnb 推出的「Trips」產品會讓公司更貼近創業的根基。透過更細膩的事業區隔，他希望網站的不同部分可以同時吸引不同類型的旅客。布雷察席克也認為這是創新的機會：「我們如何為喜愛人情味的早期用戶和追求奢華饗宴的客人分別提供適合的體驗？那是挑戰，也是機會。」但 Airbnb 仍必須小心拿捏分寸，以免顯得太企業化或變得呆板無聊。2016 年的房東大會上，首度出現「主要贊助夥伴」（presenting partner）美國運通公司，以及包含達美航空在內的多家「次要贊助商」（secondary sponsor）。

事實上，Airbnb 推出 Trips 可能會令評論者感到意

外，因為之前他們覺得 Airbnb 為了公開上市，正不計代價地拉攏開銷最人的企業客戶，但 Trips 和那樣的預測背道而馳。Airbnb 並未如他們所料，邪惡地搶攻更多的住家或商用房產土地。切斯基說，如果 Airbnb 想要不計代價地擴大規模，其實用現有的平台就能輕易辦到。「我們目前在住屋和旅館業的滲透率都很低，如果單純只想擴大規模，那很容易。」但 Airbnb 選擇跨入旅遊的其他層面，是為了加倍提升 Airbnb 的獨特，至少目前來說是如此。（Airbnb 最後可能會面臨專業旅行團也湧進 Trips 平台營業的議題，但目前所有的旅遊體驗都會事先經過 Airbnb 的批准和審核。）如果這是 Airbnb 的未來，那似乎比較不會遭到既有產業的強烈反彈。

不過，Airbnb 面臨的反彈確實愈來愈大。本書即將出版之際，我訪問了一些反 Airbnb 的團體，他們認為 Airbnb 仍持續掩蓋其平台上的專業房東及非法旅館的真實數量。Airbnb 則是持續主張，外界提出的數字容易產生誤導，它並不想做專業房東及非法旅館的生意，也竭盡所能地剷除這種用戶，包括公布更多的內部資料。切斯基說，時間會證明他說的沒錯。「我覺得時間一久就會真相大白，」他說：「歷史向來比現況更為明智、真實，現況看起來總是霧裡看花。」但是隨著公司和平台

持續擴大，Airbnb 對一些社群的影響可能只會愈演愈烈。《秘密管道》主編漢普表示：「就連愛用 Airbnb 的人也覺得，雷克雅維克目前的狀況很慘烈。」她指的是 Airbnb 與同類型短租服務的迅速增加為當地房市帶來的挑戰。

切斯基從過去經驗中記取了很重要的教訓：他為 Airbnb 的事業規劃下一步時，已經先假設公司一定會遇到敵人。三個創辦人剛創立 Airbnb 時並沒有想過公司會變那麼大，或引發如此兩極的評價以及那麼多反感。這一次擴張，切斯基表示他在設計 Trips 時，已經把可能遭遇的反彈都納入考量，也密切注意新事業可能對社區及其他業者造成的影響。他說：「民宿領域做了八年，歷經各種抗爭和批評後，我們知道這次推出新事業不可能毫無批評。」現在 Airbnb 擁有頂尖的法務和政策專家從旁協助，設計產品時，會盡量避免可能引發的反彈。Airbnb 與在地的非營利組織一起構思「社會公益」體驗，這類公益體驗將占所有體驗的 10%。此外，Airbnb 和喜願基金（Make-A-Wish Foundation）也建立了充滿抱負的合作關係，共同推動「希望旅行」（wish trips），協助大家累積體驗。切斯基和他的團隊刻意挑選他們覺得可能受惠最多、也最歡迎 Airbnb 的城市，作為率先

推出這些體驗的據點，例如奈洛比、底特律、哈瓦那和開普敦。他說：「目前我們不在紐約推出。」舊金山雖然充滿爭議，但仍會納入首波實驗，因為他們需要在自家後院測試產品。

儘管 Airbnb 的核心產品在法規上仍有不確定性，其他業者在規劃未來策略時，依然會把 Airbnb 這個短租巨人納入考量。在某些市場中，房東在決定租金時，已經把 Airbnb 的短租收入納入考量。建商在設計公寓大樓時，也在設計圖中增加共享設施及縮減停車空間（至於屋頂上增設降落點，讓 Amazon 的無人機降落，那就更不用說了）。全美最大的住屋建商 KB Home 公司設計了一種新原型，內建「Airbnb 型臥房」，床鋪和桌子皆可摺疊，可移動的隔牆可把一半的客廳隔成客房。訂閱居家設計型錄的人可能也注意到，現在的型錄裡有愈來愈多篇幅在展示讓人更容易接待「房客」的產品，例如沙發床。

在 Airbnb 的總部，員工正在努力下一個大產品。工程部和產品部用機器學習和人工智慧來改善配對機制，不僅根據房東和房客以前在網站上的訂房行為來預測他們的行為模式，也預測他們的個人和審美偏好（偏好超現代建築、還是古典建築；音樂品味接近拉赫曼尼

諾夫，還是威肯）。另外，Airbnb 也推出一種新工具，讓房東徵召「房東搭檔」（co-host）來幫忙經營房源及分享營收。同時，傑比亞的創新團隊在薩馬拉工作室中繼續開發更多新概念。例如，有一個專案是為難民等大批移民設計不需網路的通訊方式，這些人雖然有手機，但無法上網。

切斯基和傑比亞也努力為公司的績效制定新的指標。目前採用的衡量指標是訂房天數，但由於訂房的品質差異很大，他們想找出更能衡量歸屬感的指標。我問 Trips 這個產品如何融入公司的商業目標時，切斯基說：「最終的商業目標，也就是我們的使命，是創造一個家在四方的世界。」

改變世界的 Airbnb

世界上找不到第二家像 Airbnb 這樣的公司了。它在短短九年內，價值從零成長到三百億美元。它把一個老舊的想法翻新，並發展出 eBay 開創線上跳蚤市場以來再也沒見過的龐大規模。很少領導者像這三位創辦人那樣，在幾乎沒有管理經驗下一舉衝上商界的頂峰，而且他們拓展的事業遠比表面上看來複雜許多。紅衫的萊

昂內告訴切斯基，他的執行長工作是紅衫投資的公司裡最難的，那樣說可不是毫無原因的。雖然很多顛覆性的科技公司也掀起正反兩極的評價，卻都不比像 Airbnb 面臨到與主管機關之間、新舊產業之間，那樣激烈沸騰的衝突。這麼多話題，都源自於這家多數人第一次聽都覺得很古怪的公司。

Airbnb 的事業所衍生的漣漪效應，也遠遠超過了自己的事業。現在創投公司找新的投資對象時，有設計背景的執行長變成一項優勢，就像 Google 和 Facebook 成功後，他們把兩位史丹佛博士生或哈佛的社群網路創業者視為理想創業典範一樣。很多當初拒絕他們或差點拒絕他們的投資者，現在都改變了評估投資標的的方式。

Airbnb 就各方面來說，都是一個大冷門。它是三個年輕人在思考下一個熱門概念時，誤打誤撞做出來的創業點子。他們幾乎沒什麼商業經驗，一切全靠自學。他們做的事情以傳統的商業標準來看，也有悖常理：公司成立之初，他們不盡快追求成長，而是把心力和資源投注於遠在美國東岸的一小群用戶。他們投資於昂貴、繁瑣的服務，為每個想要專業攝影的顧客提供攝影服務。他們把看來奇怪、充滿風險的產品，變成許多人趨之若鶩的潮流。這是超大規模版的麻雀變鳳凰。

他們以罕見的技能組合，跨越了重重難關，克服了對其他創業者來說可能太過複雜的議題，從而達到上述的成就。他們開發出全球支付系統，設計搜尋與配對的方法，打造出一套即使無法完全消除風險、卻能盡量提升安全性的系統。這些創新後來都成為其他類似平台爭相模仿的標準。他們的古怪點子，搭配上簡單好用又流暢的網站，迅速吸引了一群躍躍欲試的用戶。接著，他們再把這一切加以擴大。大家往往忽略了 Airbnb 從以前到現在一直是執行力超強的機器。

當然，三位創辦人的個性特別主動積極，所以草創時期他們才能屢敗屢起，不恥下問，不斷地纏著賽柏和葛蘭討教。他們也有過人的氣魄和膽識，所以 2007 年他們靠著花言巧語，佯稱是部落客，混進設計大會中；大膽地打進短租依然違法的市場；勇敢地反抗其他人覺得威脅太大的力量（例如回絕桑莫兄弟的收購提案）；在紐約州檢察長對他們發出傳票時，堅決地反抗。

他們在過程中犯了很多錯，在過去八年間可能學到了一輩子份量的經驗教訓。未來肯定還有更多的錯誤、更大的教訓等著他們，更多的麻煩事可能發生。在此同時，競爭者也逐漸逼近：HomeAway 正跨入 Airbnb 的核心市場；傳統的旅館業者正慢慢地跨入他們一度不以

為然的「另類住宿」類別；新創企業不斷在想實驗性的混合點子與創新變化。未來還有很多事情可能發生。

切斯基、傑比亞和布雷察席克也因為正好抓對了進入市場的時機，以及遇上準備好接納另類點子的消費大眾，因此大有斬獲。當世界各地的城市生活日益昂貴，經濟大衰退削弱了全球消費者的消費力。千禧世代的崛起和他們截然不同的價值觀，正好塑造出另一個豐富的消費客群。他們偏好真實的體驗，對企業與權勢集團缺乏好感，渴望體驗有目的或使命感的東西，亟欲尋找屬於他們的社群。Airbnb 提供了與彼此連結的機會、冒險精神、新奇古怪的產品、平實的價位，這些特質正好都是千禧世代想要的。拜社群媒體所賜，這個世代從小就相信任何人都可以立即成為「朋友」，所以他們已經很習慣一拍即合的親密關係，不覺得使用這種平台預訂別人家的空間很奇怪。

非千禧世代之所以對 Airbnb 也趨之若鶩也有特定原因——在現今這個複雜的世界，人際關係疏離已久。社會的日益分離把每個人推向了孤獨的封閉空間，無論是郊區的空盪住宅，或是日常通勤的車子上，亦或是陷入滑手機的一人境界。這種孤獨不只是表面的，而是更深層的。誠如賽巴斯提安・鍾格（Sebastian Junger）在

《部落》（*Tribe*）一書中所說的，我們是人類史上第一個各自獨居在公寓中的現代社會，連孩子都有各自的臥室[115]。在此同時，多年來，大眾對社會制度（從企業到政府）的信任感逐漸下滑，再加上經濟大衰退的推波助瀾，使大家比以前更能接受「非主流」的概念〔從伯尼·桑德斯（Bernie Sanders）和川普的崛起可見一斑〕。再加上我們對地緣政治風險日益感到不安，覺得世界隨時都可能發生不可預測的可怕事件。於是，想與他人相連的衝動，成了每個人都沒明確說出的渴望。無論你對「歸屬感」有什麼看法，上述的種種力量確實是讓大家更開放地接納這種古怪、平價旅遊體驗的主要原因。Airbnb 的產品一次觸及了那麼多不同的層面，我們很難想像它在其他的時點推出也能如此走紅。

雖然 Airbnb 一路走來的故事瘋狂又古怪，創辦人在過程中歷經了種種磨難，但他們其實不太回顧過往事蹟。我問傑比亞這個問題時，他回應：「誰有時間懷舊啊？」切斯基也沒什麼時間回顧過往，但有一刻令他印象特別深刻。他們創業後，他的父母第一次到勞許街的公寓探望他，終於看到兒子談論已久的東西確實是一家公司，屋內有好幾張椅子圍著一張大桌子。切斯基的父親本來一直覺得那不是創業的好點子，那時才第一次看

到他們確實做出一番事業。切斯基對一群 Airbnb 新進員工描述當時的情況:「那一刻滿感動的。」

　　如今,需要忙的事情實在太多了。創辦人逐漸習慣他們肩負的新角色,並準備好為公司的重要轉型,邁向下一階段的瘋狂旅程。他們開始負起龐大的財富所帶來的重大責任(據傳三人各有 33 億美元的身價[116])。他們追隨一群億萬富豪的腳步,簽署了「樂施誓約」(The Giving Pledge,巴菲特和比爾蓋茲夫婦為了鼓勵富豪在有生之年捐出多數財富行善而發起的行動)。布雷察席克除了在公司裡有了新的角色,最近也初為人父,與妻子育有一名幼子。傑比亞除了成立薩馬拉工作室和實驗室,也花了很多時間在 Airbnb 參與解決的全球難民危機。包括為希臘和塞爾維亞的救援人員提供住宿;在約旦發起「生計」方案,協助難民營裡的難民為造訪約旦的旅客提供旅遊導覽及其他的「在地體驗」以賺取收入。2016 年秋季,傑比亞加入一群民間團體的領導者(包括喬治．克魯尼夫婦),和歐巴馬總統進行圓桌會議,討論危機解決辦法。傑比亞偶爾還是會接到「評論臀」的訂單。他接到訂單時,就會去自己的倉庫,拿出一卷膠帶,小心地組裝盒子,包裝好後寄出。

　　切斯基說,近幾年他已經學會稍微抽離工作,在工

作與生活之間拿捏更好的平衡，這主要是拜交往四年的
女友派特爾所賜。兩人是 2013 年在 Tinder 上結識，第
一次約會差點就因為 iMessage 出問題而錯過了。切斯基
說女友促使他改變一些習慣，例如回電子郵件的衝動。
（她說這種回覆電郵的衝動，就像狗看到狗食一樣。切
斯基說：「她告訴我：『給你一整包，你也可以一次吃
完。』」）

切斯基、傑比亞和布雷察席克都很清楚，發生在他
們身上的一切是各種機緣造就的結果。「我們並不是遠
見過人，」切斯基在最早的訪談中曾這樣告訴我：「我
們只是一般人，這不是多瘋狂的概念。」

然而，不是隨便三個普通人就能創造出那些成就，
也是不爭的事實。切斯基說：「我們只是直覺敏銳，有
勇氣去做罷了。」但他認為，他們最大的優勢之一，正
是因為他們知道得很少。「我覺得，如果我們當時更了
解狀況的話，可能就不會憑著一股傻勁去做。如今回
顧過往可以明顯看出，那需要天時地利人和才有可能成
功，那是千載難逢的罕見機會。即使我們有機會重來上
千次，也很難想像一切以同樣的方式匯聚在一起。」

共享經濟還有太多
我們不了解的故事

　　2016 年 11 月，切斯基上台時，洛杉磯市中心的奧芬劇院（Orpheum Theater）已經擠得水泄不通了。現在，他站在二千多位房東、房客、媒體、Airbnb 員工的面前。在這場精心安排的演講中，他向觀眾逐一揭曉 Airbnb 這次的大消息：一份涵蓋了五百種可預訂的新體驗清單，從性感舞蹈、天體攝影術、韓國刺繡都有，都由在地人主導。切斯基在這場會議上公開了五花八門的新功能，包括在地聚會、餐廳預訂、按嗜好分類的推薦工具（有人想體驗一下無麩質的洛杉磯生活嗎？）、一系列語音導覽的漫步活動等等。他更預告租車、加購服務，以及跟航班有關的活動也會很快上線。這些東西都會搬上新的 Trips 平台，住家共享只是其中的一部分。他說：「我們現在做的，以及即將做的一切，都是由所有人完成的。」

現場響起一陣歡呼，大家都站了起來，他們是 Airbnb 社群中最投入的成員。這些從世界各地前來洛杉磯參加房東大會的房東，總共款待了七十四萬五千名房客。未來三天，他們將沉浸在所有跟 Airbnb 有關的事物中。他們聽到行銷長米登霍談到 Airbnb 正在打造「世界第一個社群超級品牌」，他們得知 Airbnb 投入的公益活動，學到室內裝潢的秘訣，並與 Dashboard & Insights Bar 的資料科學團隊交流。喜劇演員詹姆斯‧柯登主持貝羅獎的頒獎典禮時，拿 Airbnb 的概念大開玩笑，說現場的觀眾肯定都偷偷住在飯店裡，還說他逮到創辦人為了多賺一點現金，把現場前幾排的座位都租出去了。當晚稍後，還會有女神卡卡（Lady Gaga）驚喜演出。

然而，在這些歡樂的活動中，Airbnb 仍面對著嚴峻挑戰的暗流。勒涵上台演講時提到，2016 年 Airbnb 的社群成員組成了一百多個住家共享社團，發了三十五萬封電郵給各地的官員。他演講完後，一些房東排隊等候發言，對 Airbnb 提出迫切的問題：為什麼紐約州會制定「峻法」？Airbnb 該怎麼因應？更重要的是，Airbnb 能夠解決那個問題嗎？一位達拉斯的超讚房東問道：當主管機關最擔心一般住家被拿來開派對擾民時，我們如何當個敦親睦鄰的好鄰居？

在股東大會的最後一天，當地的旅館業工會「Unite Here」發起吵鬧又憤怒的抗議活動，沿著南百老匯大道（South Broadway）揮舞著旗幟，敲鑼打鼓，大按喇叭，拿著擴音器嘶吼。之後，切斯基和演員艾希頓．庫奇進行爐邊對談時，一名抗議者闖進現場，大搖大擺地走上舞台，譴責 Airbnb 在約旦河西岸以色列人定居的地方刊登房源。（庫奇見狀立刻起身，以友善的問候安撫那位抗議者，接著開始為 Airbnb 提出懇切的呼籲：「我們和彼此分享家園時，可以促進相互的理解，讓大家和平共處，不再有隔閡！」他大聲呼籲時，現場觀眾也跟著站了起來，「這家公司的目的是想讓大家聚在一起，彼此友愛！」）

不過，多數的與會者並未注意到這些紛擾。最後一天的最後一個節目，是大家對創辦人的提問時間。這時對外公開新平台的艱鉅任務剛結束，他們終於可以放輕鬆，甚至稍微回憶一下公司草創時期的種種。切斯基和傑比亞想起那段日子，他們想了一堆稀奇古怪的點子，使布雷察席克幾乎隨時處於抓狂狀態。他們提到某晚他們做了一份投資簡報，預估三年間的營收可達到兩億美元，布雷察席克告訴他們，那個數字太荒謬了，投資人肯定會一眼看穿他們是在吹牛，所以切斯基和傑比亞答

應把營收改成兩千萬美元。但隔天在簡報現場，投影片一亮出來時，上面的數字竟然是 25 億美元。（傑比亞說：「我真希望當時能拍下布雷察席克的表情，他就坐在創投業者的前面，看著我們在台上簡報市場規模有 25 億美元。」布雷察席克指出，那個數字不是市場規模，而是公司營收：「那有很大的差別。」）

在公司邁入未來之際，那一刻是難得的懷舊時刻，但過去的一切永遠都與這家公司同在。儘管 Airbnb 已經變得如此龐大，原始概念的古怪特質──讓陌生人睡在其他陌生人的家裡──依然存在 Airbnb 的 DNA 中。這點也反映在台上的交談裡，「早期採用者需要勇氣，」稍早前傑比亞這樣告訴觀眾：「表示你不在乎人家說你『很奇怪』。」他指出，汽車剛發明時，主管機關曾規定速限是時速四英里，叉子在古代甚至曾被當成「惡魔的工具」。勒涵則是把目前 Airbnb 遇到的阻力，比喻成十九世紀末裝設電力路燈所引發的反彈。

這些阻力在顛覆性企業的成長軌跡中，都構成了有趣的研究。Airbnb 可說是目前最大的私有科技公司之一，目前正跨足全新的事業領域，一路走來獲得許多企業界重量級人物的支持。然而，就很多方面來說，這家公司仍是非主流文化的一份子，仍在尋求大家的肯定。

　　時間會證明 Airbnb 跨足的新事業能否成功。房東大會結束後，大夥兒很快又回歸工作崗位，照常營運，包括開始去了解和紐約市政府合作落實法規是什麼樣子。

　　處理這一切事情正是大膽想法及巨大改變所帶來的挑戰。當顛覆者的規模愈來愈大時，挑戰無疑只會變大，牽涉到的利益只會變得更高。誠如傑比亞在演講中所說的，Airbnb 正在做的事情「沒有藍圖」可循，他說：「我們正以殷勤款待的服務，在世界各地開疆闢土。」創業九年來，Airbnb 確實仍在做這件事，各種機會和挑戰也隨之而來。正因為如此，儘管 Airbnb 一路走來的歷史多采多姿，錯綜複雜，成果豐碩，充滿隱憂，但 Airbnb 的故事可能才剛開始而已。

致謝

　　這本書在眾多貴人的協助下得以迅速完成。不過，如果少了兩位關鍵人物的協助，就不會有這本書的出版。第一位是 HMH 出版社（Houghton Mifflin Harcourt）的 Rick Wolff，感謝他為這個案子投注的熱情、遠見、編輯及耐心。第二位是《財星》雜誌的編輯兼時代公司（Time Inc.）內容長 Alan Murray，即使《財星》沒有多餘的人力，他一聽我提起這個案子時，依然大方地准假，讓我有時間完成這本書。從他的一口答應可以看出他對說故事的重視，對此我非常感激。

　　我一直覺得，Airbnb 這一路走來的紀錄，是一個等著被揭露的有趣故事。我很感謝切斯基信任我能把故事說好，也謝謝他為我敞開公司的大門。我也同樣感謝傑比亞和布雷察席克，謝謝他們願意分享個人的觀點。我最要感謝的對象是 Kim Rubey 和 Maggie Carr。露比從

這個案子的第一天就全力支持我,並迅速讓這一切成真。卡爾平靜地引導我進行數十場專訪,探索無數個問題。我也要感謝 Airbnb 社群團隊裡的所有人,以及 Airbnb 的高階管理者和員工撥冗接受我的訪問。(也謝謝 Airbnb 和喬納森・曼恩授權讓書中收錄〈歐巴馬圈圈〉的廣告歌詞。)

感謝 Trident Media Group 的 Melissa Flashman 提供的專業指導與熱情;感謝 Lew Korman 的明智建議;也感謝 HMH 出版社的團隊給我的支持:Rosemary McGuinness、Debbie Engel、Emily Andrukaitis、Loren Isenberg、Megan Wilson,以及 Rachael DeShano、Kelly Dubeau Smydra、Tammy Zambo 的包容與耐心。特別感謝 Virgin Books 的 Jamie Joseph 對這個專案的濃厚興趣。

謝謝 Nicole Pasulka 在採訪方面給我的寶貴協助和建議,並在如此緊湊的時間內幫我查證書中的事實,把這本書視同己出。感謝 High Water Press 的 Brian Dumaine 和 Hank Gilman 為本書進行迅速及巧妙的編修。謝謝 Jonathan Chew 和 Tracy Z. Maleef 的研究。特別感謝 Mary Schein,她總是讓一切變得更加容易。

非常感謝 Clifton Leaf 以及《財星》的同仁,在我離開工作崗位時協助處理一切,尤其 Mason Cohn 和才

華洋溢、從容不迫的 Megan Arnold 讓《Fortune Live》得以持續運作（Andrew Nusca、Aaron Task、Anne VanderMey 的重要協助）。

謝謝 Pattie Sellers、Nina Easton、Jennifer Reingold、Lisa Clucas、Elizabeth Busch、Michal Lev-Ram、Beth Kowitt、Leena Rao、Kristen Bellstrom、Valentina Zarya 讓《財星》「最有影響力女性高峰會」得以順利運作，謝謝 Leena 同時幫我兼顧《財星》「40 位 40 歲以下精英」的專案。另外，也感謝以下幾位《財星》的同仁：Adam Lashinsky、Brian O'Keefe、Nick Varchaver、Matt Heimer、Erin Griffith、Kia Kokolitcheva、Scott DeCarlo、Michael Joseloff、Kelly Champion、Kerri Chyka。

還有很多人在過程中提供我協助或指導：Bethany McLean、Doris Burke、John Brodie、Peter Kafka、Dan Primack、Joanne Gordon、Kate Kelly、Sarah Ellison、Rana Foroohar、Charles Duhigg、Alison Brower、Laura Brounstein、Todd Shuster、Rimjhim Dey、Dan Roberts、Deb Roth、Davidson Goldin、Verona Carter、Alice Marshall、Irina Woelfle、April Roberts。另外，謝謝 Arun Sundararajan、Jason Clampet、Bill Hyers、Jessi

Hempel、Will Silverman、Jana Rich、Scott Shatford、Jamie Lane、Maryam Banikarim、Sheila Riordan、Kathleen O'Neill、Raina Wallens、Kathleen Maher、Bethany Lampland 大方地和我分享見解與觀點。感謝 Marc Andreessen、Reid Hoffman、Alfred Lin、Jeff Jordan、Paul Graham、Michael Seibel、Kevin Hartz、Sam Angus、Greg McAdoo 等接近 Airbnb 的人士分享他們對這家公司的瞭解。謝謝 Neil Carlson 和 Erin Carney 以及他們經營的共用工作空間 Brooklyn Creative League 提供鼓舞人心又愜意舒適的工作場所。

最後，感謝我的家人：謝謝 Kreiter 一家，尤其是 Gil、Noa、Ava 包容我的缺席。謝謝 Zeb 和 Anna 總是對我做的事情充滿興趣。謝謝 Drew 和 Adrienne 從遠方的支持，也謝謝 Jake 和 Rocky Gallagher 寄給我勵志的影片。感謝我的父母 Jack 和 Joan Gallagher 一直以來的鼓勵，還有 Gallagher 和 Pelizoto 家族，尤其是 Carl 和 Daryl。我最要感謝 Gil，謝謝你不斷提供觀點、支持和無數的 Blue Apron 晚餐和濃咖啡，我欠你一趟美好的假期，無論是在高級旅館或是在 Airbnb 的樹屋，地點任君挑選。

附註

除非另有註記，書中引述皆出自個人採訪內容。

第一章

1. The RISD hockey team was called the Nads (preferred cheer: "go-NADS!"); the basketball team was called the Balls (slogan: "When the heat's on, the Balls stick together"). The teams' mascot was Scrotie.

2. Austin Carr, "Watch Airbnb CEO Brian Chesky Salute RISD, Whip Off His Robe, Dance like Michael Jackson," Fast Company, February 17, 2012, https://www.fastcompany.com/1816858 /watch-airbnb-ceo-brian-chesky-salute-risd-whip-his-robe-dance-michael-jackson.

3. Sarah Lacy, "Fireside Chat with Airbnb CEO Brian Chesky," PandoDaily, YouTube video, posted January 14, 2013, https://www.youtube.com/watch?v=6yPfxcqEXhE.

4. Ibid.

5. Ibid.

6. Reid Hoffman, "Blitzscaling 18: Brian Chesky on Launching Airbnb and the Challenges of Scale," Stanford University, November 30, 2015, https://www.youtube.com/watch?v=W608u6sBFpo.

7. Ibid.

8. Brian Chesky, "7 Rejections," Medium, July 12, 2015, https://medium.com/@bchesky/7-rejections-7d894cbaa084# .5dgyegvgz.

9. Brian Chesky and Connie Moore, "Impact of the Sharing Economy on Real Estate," Urban Land Institute Fall Meeting, October 6, 2015, https://www.youtube.com/watch?v=03kSzmJr5c0.

10. Brian Chesky, "1000 days of AirBnB," Startup School 2010, YouTube, uploaded February 12, 2013, https://www.youtube .com/watch?v=L03vBkOKTrc.

11. "Obama O's," YouTube, uploaded January 12, 2012, https://www.youtube.com/watch?v=OQTWimfGfV8.

12. Lacy, "Fireside Chat."

13. Ibid.

14. Leena Rao, "Meet Y Combinator's New COO," Fortune, August 26, 2015, http://fortune.com/2015/08/26/meet-y-combinators -new-coo/.

15. Brian Chesky, "1000 days of AirBnB," Startup School 2010, YouTube, uploaded February 12, 2013, https://www.youtube .com/watch?v=L03vBkOKTrc.

第二章

16. Sam Altman, "How to Start a Startup," lecture with Alfred Lin and Brian Chesky, video, accessed October 10, 2016, http:// startupclass.samaltman.com/courses/lec10/.

17. The six core values put in place in 2013 were "Host," "Champion the Mission," "Every Frame Matters," "Be a cereal entrepreneur," "Simplify," and "Embrace the Adventure."

18. "Uber Loses at Least $1.2 Billion in First Half of 2016," Bloomberg BusinessWeek, August 25, 2016, https://www .bloomberg.com/news/articles/2016-08-25/uber-loses-at-least-1-2-billion -in-first-half-of-2016.

19. Owen Thomas, "How a Caltech Ph.D. Turned Airbnb into a Billion-Dollar Travel Magazine," Business Insider, June 28, 2012, http://www.businessinsider.com/airbnb-joe-zadeh-photography -program-2012-6.

20. M. G. Siegler, "Airbnb Tucked In Nearly 800% Growth in 2010; Caps Off The Year with a Slick Video," TechCrunch, January 6, 2011, https://techcrunch.com/2011/01/06/airbnb-2010/.

21. Tricia Duryee, "Airbnb Raises $112 Million for Vacation Rental Business," AllThingsD, July 24, 2011, http://allthingsd .com/20110724/airbnb-raises-112-million-for-vacation-rental-business/.

22. "Brian Chesky on the Success of Airbnb," interview by Sarah Lacy, TechCrunch, video, December 26, 2011, https:// techcrunch.com/video/brian-chesky-on-the-success-of-airbnb/517158894/.

23. Alexia Tsotsis, "Airbnb Freaks Out Over Wimdu," TechCrunch, June 9, 2011, https://techcrunch.com/2011/06/09 /airbnb.

24. Reid Hoffman, "Blitzscaling 18: Brian Chesky on Launching Airbnb and the Challenges of Scale," Stanford University, November 30, 2015, https://www.

youtube.com /watch?v=W608u6sBFpo.

25. Ibid.

第三章

26. Francesca Bacardi, "No Resort Necessary! Gwyneth Paltrow Uses Airbnb for Mexican Vacation with Her Kids and Boyfriend Brad Falchuk," E! News, E! Online, January 19, 2016, http://www.eonline .com/news/732247/no-resort-necessary-gwyneth-paltrow-uses-airbnb-for -mexican-vacation-with-her-kids-and-boyfriend-brad-falchuk.

27. Carrie Goldberg, "Inside Gwyneth Paltrow's Latest Airbnb Villa," Harper's Bazaar, June 23, 2016, http://www.harpersbazaar .com/culture/travel-dining/news/a16287/gwyneth-paltrow-airbnb-france/.

28. Greg Tannen, "Airbnb-Tenant Reviews of the Candidates," The New Yorker, July 8, 2016, http://www.newyorker.com/humor/daily -shouts/airbnb-tenant-reviews-of-the-candidates.

29. Natalya Lobanova, "18 Fairytale Airbnb Castles That'll Make Your Dreams Come True," BuzzFeed, June 15, 2016, https:// www.buzzfeed.com/natalyalobanova/scottish-airbnb-castles-you-can-actually-rent?utm_term=.ss2Kvbx6J#.abpLnz0PW.

30. Brian Chesky, "Belong Anywhere," Airbnb, July 16, 2014, http://blog.airbnb.com/belong-anywhere/.

31. Ryan Lawler, "Airbnb Launches Massive Redesign, with Reimagined Listings and a Brand New Logo," TechCrunch, July 16, 2014, https://techcrunch.com/2014/07/16/airbnb-redesign/.

32. Douglas Atkin, "How to Create a Powerful Community Culture," presentation, October 30, 2014, http:// www.slideshare.net/FeverBee/douglas-atkin-how-to-create-a-powerful -community-culture.

33. Prerna Gupta, "Airbnb Lifestyle: The Rise of the Hipster Nomad," TechCrunch, October 3, 2014, https://techcrunch.com /2014/10/03/airbnb-lifestyle-the-rise-of-the-hipster-nomad/.

34. Steven Kurutz, "A Grand Tour with 46 Oases," New York Times, February 25, 2015, http://www.nytimes.com /2015/02/26/garden/retirement-plan-an-airbnb-

travel-adventure.html.

第四章

35. Julie Bort, "An Airbnb Guest Held a Huge Party in This New York Penthouse and Trashed It," Business Insider, March 18, 2014, http://www.businessinsider.com/how-an-airbnb-guest-trashed -a-penthouse-2014–3.

36. Ron Lieber, "Airbnb Horror Story Points to Need for Precautions," New York Times, August 14, 2015, http://www.nytimes .com/2015/08/15/your-money/airbnb-horror-story-points-to-need-for -precautions.html.

37. Ibid. on Cosmopolitan.com: Laura Beck, "If You've Ever Stayed in an Airbnb, You Have to Read This Horrifying Tale," Cosmopolitan.com, August, 15, 2015, http://www.cosmopolitan.com/lifestyle/a44908/if-youve-ever-stayed -in-an-airbnb-you-have-to-read-this/.

38. "Chris Sacca on Being Different and Making Billions," interview by Tim Ferriss, The Tim Ferriss Show, podcast audio, February 19, 2016, http://fourhourworkweek.com/2015/05/30/chris-sacca/.

39. Zak Stone, "Living and Dying on Airbnb," Medium, November 8, 2015, https://medium.com/matter/living-and-dying-on-airbnb -6bff8d600c04#.8vp51qatc.

40. carbon monoxide: Ibid.

41. Gary Stoller, "Hotel Guests Face Carbon Monoxide Risk," USA Today, January 8, 2013, http://www.usatoday.com /story/travel/hotels/2012/11/15/hotels-carbon-monoxide/1707789/.

42. Lindell K. Weaver and Kayla Deru, "Carbon Monoxide Poisoning at Motels, Hotels, and Resorts," American Journal of Preventative Medicine, July 2007.

43. Richard Campbell, "Structure Fires in Hotels and Motels," National Fire Protection Association, September 2015.

44. Benjamin Edelman and Michael Luca,"Digital Discrimination: The Case of Airbnb.com," Harvard Business School Working Paper, no. 14-054, January 2014.

45. Benjamin Edelman, Michael Luca, and Dan Svirsky, "Racial Discrimination in the Sharing Economy: Evidence from a Field Experiment," American Economic Journal: Applied Economics, September 16, 2016, https://ssrn.com/

abstract=2701902.

46. Shankar Vedantam, Maggie Penman, and Max Nesterak, "#AirbnbWhileBlack: How Hidden Bias Shapes the Sharing Economy," Hidden Brain, NPR, podcast audio, April 26, 2016, http://www.npr.org/2016/04/26/475623339/-airbnbwhileblack-how-hidden-bias -shapes-the-sharing-economy.

47. Elizabeth Weise, "Airbnb Bans N. Carolina Host as Accounts of Racism Rise," USA Today, June 2, 2016, http://www.usa today.com/story/tech/2016/06/01/airbnb-bans-north-carolina-host -racism/85252190/. 102 the experts' recommendations: Laura W. Murphy, Airbnb's Work to Fight

48. Discrimination and Build Inclusion, report to Airbnb, September 8, 2016, http://blog.airbnb.com/wp-content/uploads/2016/09/REPORT_Airbnbs -Work-To-Fight-Discrimination-and -Build-Inclusion-pdf. 104 "we would probably not accomplish our mission": "Airbnb Just Hit 100

49. Million Guest Arrivals," onstage discussion with Brian Chesky and Belinda Johnson, moderated by Andrew Nusca, at Fortune's Brainstorm Tech conference, Aspen, Colorado, uploaded on July 12, 2016, https://www.youtube.com /watch?v=7DU0kns5MbQ&list=PLS8YLn_6PU1no6n71efLRzqS6lXAZp AuW&index=25.

第五章

50. Ron Lieber, "A Warning for Hosts of Airbnb Travelers," New York Times, November 30, 2012, http://www.nytimes .com/2012/12/01/your-money/a-warning-for-airbnb-hosts-who-may -be-breaking-the-law.html.

51. New York State attorney general Eric T. Schneiderman, Airbnb in the City, New York State Office of the Attorney General, October 2014, http://www.ag.ny.gov/pdfs/Airbnb%20report .pdf.

52. Scott Shatford, "2015 in Review — Airbnb Data for the USA," Airdna, January 7, 2016, http://blog.airdna.co/2015 -in-review-airbnb-data-for-the-usa/.

53. Jason Clampet, "Airbnb's Most Notorious Landlord Settles with New York City," Skift, November 19, 2013, https://skift .com/2013/11/19/airbnbs-most-notorious-landlord-settles-with-new -york-city/.

54. Ben Yakas, "Check Out This 'Luxury' Manhattan 2BR with 22 Beds,"

Gothamist, August 29, 2014, http://gothamist.com /2014/08/29/check_out_this_
luxury manhatt.php

55. Christopher Robbins, "3-Bedroom Apartment Transformed into 10-Bedroom
    Airbnb Hostel," Gothamist, December 10, 2015, http://gothamist.
    com/2015/12/10/airbnb_queens_hostel.php.

56. "Meet Carol: AirbnbNYC TV Spot," Airbnb Action, YouTube, uploaded July 16,
    2014, https://www.youtube.com/watch? v=TniQ40KeQhY. 113 (to do the study):
    "Airbnb: A New Resource for Middle Class Families,"

57. Airbnb Action, October 19, 2015, https://www.airbnbaction.com/report -new-
    resource-middle-class-families/. 114 on affordable housing: "The Airbnb
    Community Compact," Airbnb

58. Action, November 11, 2015, https://www.airbnbaction.com/compact detaileden/.

59. Growing the Economy, Helping Families Pay the Bills: Analysis of Economic
    Impacts, 2014, findings report, Airbnb, May 2015,
    https://1zxiw0vqx0oryvpz3ikczauf-wpengine.netdna-ssl.com/wp-content /
    uploads/2016/02/New-York-City_Impact-Report_2015.pdf.

60. BJH Advisors LLC, Short Changing New York City: The Impact of Airbnb on
    New York City's Housing Market, Share Better, June 2016, https://www.
    sharebetter.org/wp-content/uploads /2016/06/NYCHousingReport_Final.pdf

61. "One Host, One Home: New York City (October Update)," Airbnb, October
    2016, https://www.airbnbaction.com/wp-content /uploads/2016/11/Data-Release-
    October-2016-Writeup-1.pdf.

62. Drew Fitzgerald, "Airbnb Moves into Professional Vacation Rentals," Wall Street
    Journal, May 19, 2015, http:// www.wsj.com/articles/airbnb-signals-expansion-
    into-professional-vacation-rentals-1432051843.

63. Andrew J. Hawkins, "Landlord Related Cos. Cracks Down on Airbnb," Crain's
    New York Business, October 2, 2014, http://www.crainsnewyork.com/
    article/20141002/BLOGS04/141009955 /landlord-related-cos-cracks-down-on-
    airbnb.

64. Mike Vilensky, "Airbnb Wins Big-Name Allies in Albany Battle," Wall Street
    Journal, August 9, 2016, http://www.wsj.com /articles/airbnb-wins-big-name-
    allies-in-albany-battle-1470788320.

65. Rich Bockmann, "Airbnb Is Not Taking It Lying Down," The Real Deal, March 1, 2016, http://therealdeal.com/issues_articles /as-opponents-line-up-airbnb-fights-to-win-legitimacy-in-nyc/.

66. "New Ad Highlights Airbnb's Problem with the Law, from Los Angeles to New York, San Francisco to Chicago and Every- where in Between," Share Better, accessed October 9, 2016, http://www .sharebetter.org/story/share-better-releases-new-ad-airbnb-problems-every where/.

67. Rosa Goldensohn, "Council Members Threaten Ash- ton Kutcher, Jeff Bezos with Airbnb Crackdown," Crain's New York Business, March 11, 2016, http://www.crainsnewyork.com/article/20160311/BLOGS04/160319990/new-york-city-council-threaten-ashton-kutcher -jeff-bezos-with-airbnb-crackdown.

68. Ibid.

69. Lisa Fickenscher, "Activists Call on Brooklyn Half Organizers to Dump Airbnb as Sponsor," New York Post, May 20, 2016, http: //nypost.com/2016/05/20/activists-call-on-brooklyn-half-organizers-to -dump-airbnb-as-sponsor/.

70. Erin Durkin, "Airbnb Foes Celebrate Win after Gov. Cuomo Signs Home-Sharing Bill, Orders Company to Drop Law- suit Blocking Legislation," New York Daily News, November 1, 2016, http: //www.nydailynews.com/news/politics/airbnb-foes-win-cuomo-signs-bill -orders-biz-drop-suit-article-1.2854479.

71. David Lumb, "Chicago Allows Airbnb to Operate Under Restrictions," Engadget, June 23, 2016, https://www.engadget .com/2016/06/23/chicago-allows-airbnb-to-operate-under-restrictions/.

72. Kia Kokalitcheva, "Inside Airbnb's Plan to Partner with the Real Estate Industry," Fortune, September 13, 2016, http: //fortune.com/2016/09/13/airbnb-building-owners-program/.

73. "Airbnb Just Hit 100 Million Guest Arrivals," onstage discussion with Brian Chesky and Belinda Johnson, moderated by Andrew Nusca, at Fortune's Brainstorm Tech conference, Aspen, Colorado, uploaded on July 12, 2016, https://www.youtube.com/watch?v=7DU0kns5 MbQ&list=PLS8YLn_6PU1no6 n71efLRzqS6lXAZpAuW&index=25.

74. Andrew Sheivachman, "Iceland Tourism and the Mixed Blessings of Airbnb,"

Skift, August 19, 2016, https://skift .com/2016/08/19/iceland-tourism-and-the-mixed-blessings-of-Airbnb/.

75. Kristen V. Brown, "Airbnb Has Made It Nearly Impossible to Find a Place to Live in This City," Fusion, May 24, 2016, http://fusion.net/story/305584/airbnb-reykjavik/.

76. Tim Logan, "Can Santa Monica ─ or Anyplace Else ─ Enforce a Ban on Short-Term Rentals?," Los Angeles Times, May 13, 2015, http: //www.latimes.com/business/la-fi-0514-airbnb-santa-monica-20150514 -story.html.

77. Bockmann, "Airbnb Is Not Taking It."

第六章

78. "Holiday Inn Story," Kemmons Wilson Companies, accessed October 9, 2016, http://kwilson.com/our-story/holiday-inns/.

79. Victor Luckerson, "How Holiday Inn Changed the Way We Travel," Time, August 1, 2012, http://business.time.com/2012/08/01/how-holiday-inn-changed-the-way-we-travel/.

80. "History and Heritage," Hilton Worldwide, accessed October 9, 2016, http://hiltonworldwide.com/about/history/.

81. "Meet Our Founders," Marriott, accessed October 9, 2016, http://www.marriott.com/culture-and-values/marriott-family-history.mi.

82. Chip Conley, "Disruptive Hospitality: A Brief History of Real Estate Innovation in U.S. Lodging," lecture, Urban Land Institute Fall Meeting, October 6, 2015, https://www.youtube.com /watch?v=XHlMnKjH50M.

83. "About," Joie de Vivre, accessed October 9, 2016, http://www.jdvhotels.com/about/.

84. Brian Chesky and Connie Moore, "Impact of the Sharing Economy on Real Estate," Urban Land Institute Fall Meeting, October 6, 2015, https://www.youtube.com/watch?v=03kSzmJr5c0.

85. Shane Dingman, "A Billionaire on Paper, Airbnb Co-founder Feels 'Great Responsibility' to Do Good," Globe and Mail, December 17, 2015, http://www.theglobeandmail.com/report-on-business/careers /careers-leadership/a-billionaire-on-paper-airbnb-co-founder-feels-great -responsibility-to-do-good/

article27825035/.

86. Nancy Trejos, "Study: Airbnb Poses Threat to Hotel Industry," USA Today, February 2, 2016, http://www.usatoday.com /story/travel/hotels/2016/02/02/ airbnb-hotel-industry-threat-index /79651502/.

87. Diane Brady, "IAC/InterActiveCorp Chairman Barry Diller's Media Industry Outlook for 2014," Bloomberg BusinessWeek, November 14, 2013, http://www. bloomberg.com/news/articles/2013-11-14 /retail-expert-outlook-2014-iac-interactivecorps-barry-diller.

88. Gary M. Stern, "Airbnb Is a Growing Force in New York, But Just How Many Laws Are Being Broken?", Commercial Observer, October 12, 2015, https:// commercialobserver.com/2015/10/airbnb-is-a-growing-force-in-new-york-but-just-how-many-laws-are-being-broken/.

89. Lodging and Cruise — US: Lowering Our Outlook to Stable on Lower Growth Prospects in 2017, Moody's Investors Service, September 26, 2016, https://www. moodys.com/. 143 The Sharing Economy Checks In: Jamie Lane, The Sharing Economy

90. An Analysis of Airbnb in the United States, CBRE, January 2016, https:// cbrepkfcprod.blob.core.windows.net/downloads/store/12Samples /An_Analysis_ of_Airbnb_in_the_United_States.pdf.

91. Georgios Zervas, "The Rise of the Sharing Economy: Estimating the Impact of Airbnb on the Hotel Industry," Boston University School of Management Research Paper Series, May 7, 2015, https://pdfs.semanticscholar.org/2bb7/ f0eb69a4b026bccb687 b546405247a132b77.pdf.

92. Kevin May, "Airbnb Tipped to Double in Size and Begin Gradual Impact on Hotels," Tnooz, January 20, 2015, https://www .tnooz.com/article/airbnb-double-size-impact-hotels/.

93. Alison Griswold, "It's Time for Hotels to Really, Truly Worry about Airbnb," Quartz, July 12, 2016, http://qz.com/729878 /its-time-for-hotels-to-really-truly-worry-about-airbnb/.

94. Greg Oates, "Airbnb Explains Its Strategic Move into the Meetings and Events Industry," Skift, June 29, 2016, https://skift .com/2016/06/29/airbnb-explains-its-peripheral-move-into-the-meetings -and-events-industry/.

95. "Airbnb and Peer-to-Peer Lodging: GS Survey Takeaways," Goldman Sachs Global Investment Research, February 15, 2016.

96. Susan Stellin, "Boutique Bandwagon," New York Times, June 3, 2008, http://www.nytimes.com/2008/06/03/business/03boutique .html.

97. "VRBO/HomeAway Announcement," Timeshare Users Group, June 6, 2005, http://www.tugbbs.com/forums/showthread.php?t =35409.

98. Scott Shatford, "2015 in Review — Airbnb Data for the USA," Airdna, January 7, 2016, http://blog.airdna.com/2015-in-review -airbnb-data-for-the-usa/.

99. Greg Oates, "CEOs of 5 Leading Hotel Brands on Their Hopes and Fears in 2016," Skift, June 7, 2016, https://skift.com /2016/06/07/ceos-of-5-leading-hotel-brands-on-their-hopes-and-fears -in-2016/.

100. Greg Oates, "Hyatt Hotels Launches Its New Brand: The Unbound Collection," Skift, March 2, 2016, https://skift.com/2016/03/02 /hyatt-hotels-launches-a-new-brand-the-unbound-collection/.

101. Craig Karmin, "Hyatt Invests in Home-Rentals Firm," Wall Street Journal, May 21, 2015, http://www.wsj.com/articles /hyatt-invests-in-home-rentals-firm-1432232861.

102. Nancy Trejos, "Choice Hotels to Compete with Airbnb for Vacation Rentals," USA Today, February 23, 2016, http://www.usatoday.com/story/travel/roadwarriorvoices/2016/02/23/choice-hotels-compete-airbnb-vacation-rentals/80790288/.

103. Deanna Ting, "AccorHotels CEO: It's Foolish and Irresponsible to Fight Against the Sharing Economy," Skift, April 6, 2016, https://skift.com/2016/04/06/accorhotels-ceo-its-foolish-and-irresponsible -to-fight-against-the-sharing-economy/.

104. Michelle Higgins, "Taking the Work out of Short-Term Rentals," New York Times, June 19, 2015, http://www.nytimes .com/2015/06/21/realestate/taking-the-work-out-of-short-term-rentals.html.

105. Christina Ohly Evans, "The Many Sides of Marriott's Arne Sorenson," Surface, August 5, 2016, http://www.surfacemag.com /articles/power-100-hospitality-arne-sorenson.

106. Sarah Lacy, "Fireside Chat with Airbnb CEO Brian Chesky," PandoDaily,

YouTube video, posted January 14, 2013, https:// www.youtube.com/ watch?v=6yPfxcqEXhE.

107. Sam Biddle, "Love Note from an Airbnb Billionaire: 'Fuck Hotels,' " Valleywag, April 4, 2014, http://valleywag.gawker.com /love-note-from-an-airbnb-billionaire-fuck-hotels-1558328928.

108. This quote is often attributed to Gandhi, but it is widely believed to have originated in a 1918 speech by labor activist Nicholas Klein, addressing the Amalgamated Clothing Workers of America: "First they ignore you. Then they ridicule you. And then they attack you and want to burn you. And then they build monuments to you. And that is what is going to happen to the Amalgamated Clothing Workers of America." Eoin O'Carroll, "Political Misquotes: The 10 Most Famous Things Never Actually Said," Christian Science Monitor, June 3, 2011, http://www.csmonitor.com/USA /Politics/2011/0603/Political-misquotes-The-10-most-famous-things -never-actually-said/First-they-ignore-you.-Then-they-laugh-at-you. -Then-they-attack-you.-Then-you-win.-Mohandas-Gandhi.

第七章

109. "Remarks by President Obama at an Entrepreneur-ship and Opportunity Event — Havana," Press release, White House Office of the Press Secretary, March 21, 2016, https://www.whitehouse.gov/the -press-office/2016/03/21/remarks-president-obama-entrepreneurship-and -opportunity-event-havana.

110. J. P. Mangalindan, "Meet Airbnb's Hospitality Guru," Fortune, November 20, 2014, http://fortune.com/2014 /11/20/meet-airbnb-hospitality-guru/.

111. Max Chafkin, "Can Airbnb Unite the World?," Fast Company, January 12, 2016, https://www.fastcompany.com/3054873 /can-airbnb-unite-the-world.

112. Kia Kokalitcheva, "Fixing Airbnb's Dis- crimination Problem Is Harder than It Seems," Fortune, July 12, 2016, http://fortune.com/2016/07/12/airbnb-discrimination-hiring/.

113. Reid Hoffman and Brian Chesky, "Blitzs-caling 18: Brian Chesky on Launching Airbnb and the Challenges of Scale," Stanford University, November 30, 2015, https://www.youtube.com/ watch?v=W608u6sBFpo.

第八章

114. Julie Verhage, "One Wall Street Firm Expects Airbnb to Book a Billion Nights a Year Within a Decade," Bloomberg, April 11, 2016, http://www.bloomberg.com/news/articles/2016-04-11/one -wall-street-firm-expects-airbnb-to-book-a-billion-nights-a-year-within -a-decade; Airbnb: Survey Says . . . It Is Having a Bigger Impact; Consumers Like It, Goldman Sachs Global Investment Research, May 2, 2016.

115. Sebastian Junger, Tribe: On Homecoming and Belonging (New York: Twelve, 2016).

116. "Forbes 400: The Full List of the Richest People in America, 2016," Forbes, October 4, 2016.

國家圖書館出版品預行編目（CIP）資料

Airbnb 創業生存法則 / 莉·蓋勒格（Leigh
　Gallagher）著；洪慧芳譯 . -- 第一版 . -- 臺北
　市：天下雜誌, 2018.03
　面；　公分 . --（天下財經；351）
　譯自：The Airbnb story
　ISBN 978-986-398-321-7（平裝）

1. 民宿 2. 旅館業管理 3. 電子商務 4. 美國

489.2　　　　　　　　　　　　　　107000901

訂購天下雜誌圖書的四種辦法：

◎ 天下網路書店線上訂購：www.cwbook.com.tw
　會員獨享：
　1. 購書優惠價
　2. 便利購書、配送到府服務
　3. 定期新書資訊、天下雜誌網路群活動通知

◎ 在「書香花園」選購：
　請至本公司專屬書店「書香花園」選購
　地址：台北市建國北路二段 6 巷 11 號
　電話：（02）2506 － 1635
　服務時間：週一至週五　上午 8：30 至晚上 9：00

◎ 到書店選購：
　請到全省各大連鎖書店及數百家書店選購

◎ 函購：
　請以郵政劃撥、匯票、即期支票或現金袋，到郵局函購
　天下雜誌劃撥帳戶：01895001 天下雜誌股份有限公司

＊ 優惠辦法：天下雜誌 GROUP 訂戶函購 8 折，一般讀者函購 9 折
＊ 讀者服務專線：（02）2662-0332（週一至週五上午 9：00 至下午 5：30）

天下財經 351

Airbnb 創業生存法則
The Airbnb Story

作　　　　者／莉·蓋勒格（Leigh Gallagher）
譯　　　　者／洪慧芳
封 面 設 計／三人制創
責 任 編 輯／許湘

發　行　　人／殷允芃
出版一部總編輯／吳韻儀
出　　版　　者／天下雜誌股份有限公司
地　　　　址／台北市 104 南京東路二段 139 號 11 樓
讀 者 服 務／（02）2662-0332　　　傳真／（02）2662-6048
天下雜誌 GROUP 網址／ http://www.cw.com.tw
劃 撥 帳 號／ 01895001 天下雜誌股份有限公司
法 律 顧 問／台英國際商務法律事務所·羅明通律師
總　經　　銷／大和圖書有限公司　　　電話／（02）8990-2588
出　版　日　期／2018 年 3 月 30 日第一版第一次印行
定　　　　價／460 元

The Airbnb Story
By Leigh Gallagher
Copyright © 2017 by Leigh Gallagher. All rights reserved.
Published by arrangement with Houghton Mifflin Harcourt Publishing Company
through Bardon-Chinese Media Agency
Complex Chinese Translation copyright © 2018
by CommonWealth Magazine Co., Ltd.
ALL RIGHTS RESERVED

書號：BCCF0351P
ISBN：978-986-398-321-7（平裝）

天下網路書店　http://www.cwbook.com.tw
天下雜誌我讀網　http://books.cw.com.tw
天下讀者俱樂部 Facebook　http://www.facebook.com/cwbookclub

本書如有缺頁、破損、裝訂錯誤，請寄回本公司調換